U0295968

国家出版基金项目
NATIONAL PUBLICATION FOUNDATION

"十四五"国家重点图书出版规划项目
核能与核技术出版工程

先进核反应堆技术丛书（第二期）
主编 于俊崇

同位素生产试验堆关键技术

Key Technologies of Isotope Production Test Reactor

李 庆　张劲松　等 著
张玉龙　聂华刚

上海交通大学出版社
SHANGHAI JIAO TONG UNIVERSITY PRESS

内容提要

本书为"先进核反应堆技术丛书"之一,是国内第一部全面介绍同位素生产试验堆及同位素提取技术的专著。本书从同位素的应用情况、生产原理与生产方式,以及国内外均匀溶液型反应堆的发展概况出发,全面、系统地阐述了同位素生产试验堆的系统构成、设计概况,包括反应堆及主要系统、同位素提取工艺、提取系统、配套系统、核设施典型事故分析等;同时,对设计中所关注的反应性稳定性、辐射防护设计、氢气产生与氢气风险、防止燃料溶液沉淀、结构材料耐腐蚀、燃料溶液临界安全、同位素提取工艺、铀回收技术、燃料纯化技术、放射性废气处理技术、放射性废液干燥成盐处理技术、取样技术等与反应堆及同位素提取工艺相关的关键技术问题进行了较详细的说明。本书可供相关专业人员及高等院校核技术应用专业师生使用和参考。

图书在版编目(CIP)数据

同位素生产试验堆关键技术 / 李庆等著. -- 上海:
上海交通大学出版社,2025.1 -- (先进核反应堆技术丛书
). -- ISBN 978 - 7 - 313 - 31655 - 4
Ⅰ. TL92
中国国家版本馆 CIP 数据核字第 2024P21Q29 号

同位素生产试验堆关键技术
TONGWEISU SHENGCHAN SHIYANDUI GUANJIAN JISHU

著　者:李　庆　张劲松　张玉龙　聂华刚　等
出版发行:上海交通大学出版社　　　　　　地　　址:上海市番禺路 951 号
邮政编码:200030　　　　　　　　　　　　电　　话:021 - 64071208
印　制:苏州市越洋印刷有限公司　　　　　经　　销:全国新华书店
开　本:710 mm×1000 mm　1/16　　　　印　张:14
字　数:231 千字
版　次:2025 年 1 月第 1 版　　　　　　　印　次:2025 年 1 月第 1 次印刷
书　号:ISBN 978 - 7 - 313 - 31655 - 4
定　价:119.00 元

先进核反应堆技术丛书

编 委 会

主　编

于俊崇（中国核动力研究设计院，研究员，中国工程院院士）

编　委（按姓氏笔画排序）

王丛林（中国核动力研究设计院，研究员级高级工程师）

刘　永（核工业西南物理研究院，研究员）

刘天才（中国原子能科学研究院，研究员）

刘汉刚（中国工程物理研究院，研究员）

孙寿华（中国核动力研究设计院，研究员）

杨红义（中国原子能科学研究院，研究员级高级工程师）

李　庆（中国核动力研究设计院，研究员级高级工程师）

李建刚（中国科学院等离子体物理研究所，研究员，中国工程院院士）

余红星（中国核动力研究设计院，研究员级高级工程师）

张东辉（中核霞浦核电有限公司，研究员）

张作义（清华大学，教授）

陈　智（中国核动力研究设计院，研究员级高级工程师）

罗　英（中国核动力研究设计院，研究员级高级工程师）

胡石林（中国原子能科学研究院，研究员，中国工程院院士）

柯国土（中国原子能科学研究院，研究员）

姚维华（中国原子能科学研究院，研究员级高级工程师）

顾　龙（中国科学院近代物理研究所，研究员）

柴晓明（中国核动力研究设计院，研究员级高级工程师）

徐洪杰（中国科学院上海应用物理研究所，研究员）

霍小东（中国核电工程有限公司，研究员级高级工程师）

本 书 编 委 会

（按姓氏笔画排序）

总　　序

　　人类利用核能的历史可以追溯到 20 世纪 40 年代,而核反应堆这一实现核能利用的主要装置,即于 1942 年诞生。意大利著名物理学家恩里科·费米领导的研究小组在美国芝加哥大学体育场取得了重大突破,他们使用石墨和金属铀构建起了世界上第一座用于试验可控链式反应的"堆砌体",即"芝加哥一号堆"。1942 年 12 月 2 日,该装置成功地实现了人类历史上首个可控的铀核裂变链式反应,这一里程碑式的成就为核反应堆的发展奠定了坚实基础。后来,人们将能够实现核裂变链式反应的装置统称为核反应堆。

　　核反应堆的应用范围甚广,主要可分为两大类:一类是核能的利用,另一类是裂变中子的应用。核能的利用进一步分为军用和民用两种。在军事领域,核能主要用于制造原子武器和提供推进动力;而在民用领域,核能主要用于发电,同时在居民供暖、海水淡化、石油开采、钢铁冶炼等方面也展现出广阔的应用前景。此外,通过核裂变产生的中子参与核反应,还可以生产钚-239、聚变材料氚以及多种放射性同位素,这些同位素在工业、农业、医疗、卫生、国防等许多领域有着广泛的应用。另外,核反应堆产生的中子在多个领域也得到广泛应用,如中子照相、活化分析、材料改性、性能测试和中子治癌等。

　　人类发现核裂变反应能够释放巨大能量的现象以后,首先研究将其应用于军事领域。1945 年,美国成功研制出原子弹;1952 年,又成功研制出核动力潜艇。鉴于原子弹和核动力潜艇所展现出的巨大威力,世界各国竞相开展相关研发工作,导致核军备竞赛一直持续至今。

　　另外,由于核裂变能具备极高的能量密度且几乎零碳排放,这一显著优势使其成为人类解决能源问题以及应对环境污染的重要手段,因此核能的和平利用也同步展开。1954 年,苏联建成了世界上第一座向工业电网送电的核电站。随后,各国纷纷建立自己的核电站,装机容量不断提升,从最初的 5 000 千瓦发展到如今最大的 175 万千瓦。截至 2023 年底,全球在运行的核电机组总数达到了 437 台,总装机容量约为 3.93 亿千瓦。

核能在我国的研究与应用已有 60 多年的历史,取得了举世瞩目的成就。

1958 年,我国建成了第一座重水型实验反应堆,功率为 1 万千瓦,这标志着我国核能利用时代的开启。随后,在 1964 年、1967 年与 1971 年,我国分别成功研制出了原子弹、氢弹和核动力潜艇。1991 年,我国第一座自主研制的核电站——功率为 30 万千瓦的秦山核电站首次并网发电。进入 21 世纪,我国在研发先进核能系统方面不断取得突破性成果。例如,我国成功研发出具有完整自主知识产权的压水堆核电机组,包括 ACP1000、ACPR1000 和 ACP1400。其中,由 ACP1000 和 ACPR1000 技术融合而成的“华龙一号”全球首堆,已于 2020 年 11 月 27 日成功实现首次并网,其先进性、经济性、成熟性和可靠性均已达到世界第三代核电技术的先进水平。这一成就标志着我国已跻身掌握先进核能技术的国家行列。

截至 2024 年 6 月,我国投入运行的核电机组已达 58 台,总装机容量达到 6 080 万千瓦。同时,还有 26 台机组在建,装机容量达 30 300 兆瓦,这使得我国在核电装机容量上位居世界第一。

2002 年,第四代核能系统国际论坛(Generation Ⅳ International Forum, GIF)确立了 6 种待开发的经济性和安全性更高、更环保、更安保的第四代先进核反应堆系统,它们分别是气冷快堆、铅合金液态金属冷却快堆、液态钠冷却快堆、熔盐反应堆、超高温气冷堆和超临界水冷堆。目前,我国在第四代核能系统关键技术方面也取得了引领世界的进展。2021 年 12 月,全球首座具有第四代核反应堆某些特征的球床模块式高温气冷堆核电站——华能石岛湾核电高温气冷堆示范工程成功送电。

此外,在聚变能这一被誉为人类终极能源的领域,我国也取得了显著成果。2021 年 12 月,中国“人造太阳”——全超导托卡马克核聚变实验装置(Experimental and Advanced Superconducting Tokamak,EAST)实现了 1 056 秒的长脉冲高参数等离子体运行,再次刷新了世界纪录。

经过 60 多年的发展,我国已经建立起涵盖科研、设计、实(试)验、制造等领域的完整核工业体系,涉及核工业的各个专业领域。科研设施完备且门类齐全,为满足试验研究需要,我国先后建成了各类反应堆,包括重水研究堆、小型压水堆、微型中子源堆、快中子反应堆、低温供热实验堆、高温气冷实验堆、高通量工程试验堆、铀-氢化锆脉冲堆,以及先进游泳池式轻水研究堆等。近年来,为了适应国民经济发展的需求,我国在多种新型核反应堆技术的科研攻关方面也取得了显著的成果,这些技术包括小型反应堆技术、先进快中子堆技术、新型嬗变反应堆技术、热管反应堆技术、钍基熔盐反应堆技术、铅铋反应堆技术、数字反应堆技术以及聚变堆技术等。

在我国,核能技术不仅得到全面发展,而且为国民经济的发展做出了重要贡献,并将继续发挥更加重要的作用。以核电为例,根据中国核能行业协会提供的数据,2023 年 1—12 月,全国运行核电机组累计发电量达 4 333.71 亿千瓦·时,这相当于减少燃烧标准煤 12 339.56 万吨,同时减少排放二氧化碳32 329.64 万吨、二氧化硫 104.89 万吨、氮氧化物 91.31 万吨。在未来实现"碳达峰、碳中和"国家重大战略目标和推动国民经济高质量发展的进程中,核能发电作为以清洁能源为基础的新型电力系统的稳定电源和节能减排的重要保障,将发挥不可替代的作用。可以说,研发先进核反应堆是我国实现能源自给、保障能源安全以及贯彻"碳达峰、碳中和"国家重大战略部署的重要保障。

随着核动力与核技术应用的日益广泛,我国已在核领域积累了丰富的科研成果与宝贵的实践经验。为了更好地指导实践、推动技术进步并促进可持续发展,系统总结并出版这些成果显得尤为必要。为此,上海交通大学出版社与国内核动力领域的多位专家经过多次深入沟通和研讨,共同拟定了简明扼要的目录大纲,并成功组织包括中国原子能科学研究院、中国核动力研究设计院、中国科学院上海应用物理研究所、中国科学院近代物理研究所、中国科学院等离子体物理研究所、清华大学、中国工程物理研究院以及核工业西南物理研究院等在内的国内相关单位的知名核动力和核技术应用专家共同编写了这套"先进核反应堆技术丛书"。丛书内容包括铅合金液态金属冷却快堆、液态钠冷却快堆、重水反应堆、熔盐反应堆、新型嬗变反应堆、多用途研究堆、低温供热堆、海上浮动核能动力装置和数字反应堆、高通量工程试验堆、同位素生产试验堆、核动力设备相关技术、核动力安全相关技术、"华龙一号"优化改进技术,以及核聚变反应堆的设计原理与实践等。

本丛书涵盖的重大研究成果充分展现了我国在核反应堆研制领域的先进水平。整体来看,本丛书内容全面而深入,为读者提供了先进核反应堆技术的系统知识和最新研究成果。本丛书不仅可作为核能工作者进行科研与设计的宝贵参考文献,也可作为高校核专业教学的辅助材料,对于促进核能和核技术应用的进一步发展以及人才培养具有重要支撑作用。我深信,本丛书的出版,将有力推动我国从核能大国向核能强国的迈进,为我国核科技事业的蓬勃发展做出积极贡献。

于俊崇

2024 年 6 月

前　　言

近年来,随着改革开放的持续深入推进,我国社会生产力水平得到显著提高,综合国力和人民生活水平日益提升,我国社会的主要矛盾已转化为人民日益增长的美好生活需要和不平衡不充分的发展之间的矛盾。与此同时,一些疾病(如癌症)的发病率也在呈现逐步上升的趋势。习近平总书记多次强调,要坚持以人民为中心的发展思想,并提出实施健康中国战略。2020 年 9 月,习近平总书记主持召开科学家座谈会并发表重要讲话,希望广大科学家和科技工作者"面向世界科技前沿、面向经济主战场、面向国家重大需求、面向人民生命健康"。2021 年 6 月,国家八部门发布的首个国家级《医用同位素中长期发展规划(2021—2035 年)》提出:逐步建立稳定自主的医用同位素供应保障体系,满足人民日益增长的健康需求,为建成与社会主义现代化国家相适应的健康国家提供坚强保障。建设溶液型同位素生产试验堆,用于生产^{99}Mo、^{131}I 等同位素,是实现我国医用同位素市场供应自主可控的重要举措之一。

溶液型同位素生产试验堆生产^{99}Mo、^{131}I 等同位素,具有快速、经济高效、规模化的特点。1997 年起,中国核动力研究设计院对该堆型及相关同位素提取技术开展了深入的研究,取得了诸多创新性研究成果。作为全球首个功率达到 200 kW 的溶液型同位素生产试验堆项目,该试验堆项目于 2021 年 6 月核准批复立项,并于 2024 年 1 月正式开工建设。该试验堆的核准立项、建造并实现同位素生产,对于我国摆脱医用同位素供给受制于人的困局,实现核医学加速发展具有非常重要的意义。

相较于普遍使用的反应堆靶件辐照法,利用溶液型同位素生产试验堆生产医用同位素具有如下特点。

(1)反应堆固有安全性高,具有负的温度系数和气泡反应性系数。

(2)反应堆在低参数下运行。

（3）设置安全有关级的紧急排料停堆系统，可在要求时间内利用重力排料实现反应堆安全紧急停堆；紧急排料储存罐具有几何次临界特性，确保其临界安全。

（4）利用堆水池自然对流，长期排出余热。

（5）反应堆建设和运行成本低。

（6）无靶件操作，废物产生少，放射性废物管理方便。

（7）中子利用率高，单位产能能耗极低，同位素生产试验堆只有 1/100 的功率消耗和 1/100 的废物。

本书系统、全面地阐述了我国自行设计、自行建造的首座溶液型同位素生产试验堆的研究、设计概况，并就其在攻关过程中备受关注的关键技术问题进行了阐述。全书论述了反应堆及其主要系统、医用同位素生产系统、运行保障系统、厂房规模及构筑物等，较为系统地介绍了同位素生产试验堆的技术特点、主要系统设计功能、系统运行方式及厂房布置。

本书汇集了科研、设计、管理等各方面人员的智慧和经验，对于业界了解该堆型技术特点和应用具有参考价值。

由于专业与水平所限，本书可能存在不足与疏漏，敬请读者批评指正。

目　　录

第 1 章

绪　论

采用放射性核素的核医学方法可以无创伤地进行疾病诊断，提供其他常规方法无法获得的信息，并对疾病进行靶向治疗。目前，应用比较广泛的医用放射性核素包括^{99}Mo、^{131}I、^{89}Sr、^{90}Y、^{111}In、^{125}I、^{153}Sm、^{211}At、^{32}P、^{186}Re、^{188}Re、^{166}Ho、^{192}Ir、^{103}Pd、^{18}F、^{201}Tl、^{123}I 等。这些医用放射性核素在恶性肿瘤等重大疾病的诊断和治疗中的作用是不可替代的。

全球医用同位素市场前景广阔，固体靶件反应堆内辐照法是目前生产^{99}Mo、^{131}I 等同位素的主要方法，但生产这些核素的数座反应堆均面临即将退役等潜在风险，全球产能萎缩问题日益突出，难以满足市场需求。国内由于受一些客观因素制约，医用同位素供给市场严重依赖进口。因此，开展同位素生产试验堆建设，可摆脱医用同位素供给受制于人的困局，并且可以在满足现阶段国内需求的基础上，进一步拓展国际市场，为人类命运共同体贡献中国智慧和中国力量。

在这些放射性核素中，^{99}Mo 和^{131}I 分别是临床诊断和治疗中应用最多的放射性核素。^{99}Mo 通过负电子衰变得到^{99m}Tc，是钼[^{99}Mo]-锝[^{99m}Tc]发生器的主要原料，其子体^{99m}Tc 可用于人体各种脏器（如脑、心肌、肝等）的功能显像和诊断，其用量占医学诊断用放射性核素总用量的 80％以上。^{131}I 可用于甲状腺功能诊断、甲状腺功能亢进症和甲状腺癌转移灶的治疗，还可作为标记制成放射性药物用于肾、肝、心肌、脑显像和杀伤多种实体肿瘤细胞，^{131}I 的市场需求量仅次于^{99}Mo。其中，全球市场超过 90％的^{99}Mo 由 NRU、HFR、SAFARI-1、BR-2 和 Osiris 等公司通过 5 座堆龄在 48～57 年的研究堆采用含^{235}U 靶件辐照方法生产，而超过 90％以上的^{99}Mo（Na^{99}MoO$_4$ 溶液）产品由 4 家供应商提供：MDS Nordion、Covidien、IRE 和 NTP。Osiris 和 NRU 公司的研究堆已分别于 2015 年和 2016 年退役，^{99}Mo 的全球供给能力较此前已降低近

50％，^{99}Mo 等医用放射性核素的供应持续吃紧。因此，随着现有生产 ^{99}Mo、^{131}I 等医用放射性核素的研究堆陆续退役，^{99}Mo、^{131}I 等医用放射性核素的供应面临挑战。

20 世纪 90 年代至 21 世纪初，我国主要医用放射性核素由国内几座研究堆生产，但是由于种种原因目前全部停产，导致几乎所有医用放射性核素产品依赖进口。医用放射性核素的售价成倍攀升，且经常不能按时供货。放射性药品应用和发展受制于国外供应商，严重妨碍了我国核医学的发展，影响人民群众的身体健康。根据中国同位素与辐射行业协会统计数据，预计到 2030 年，我国放射性药物市场规模将达到 260 亿元。医用放射性核素和放射性药品的安全供给是涉及国计民生的重大问题，亟待解决。在国内开发新型反应堆和新的技术生产医用放射性核素，保障国内患者的正常用药和生命健康、占领国际医用放射性核素供应市场，具有重要的社会价值和显著的经济效益。

溶液型反应堆（简称"溶液堆"）具有负的温度和气泡反应性系数，固有安全性高，利用溶液型同位素生产试验堆直接从含有 ^{235}U 的硝酸铀酰燃料溶液的裂变核素中提取放射性同位素，生产工艺简单，可以实现批量化生产，与传统生产方式相比，具有单位产能产生放射性废物少、对环境影响小、投资少和生产成本低等明显优点，因此受到了许多国家的重视。其中，核素 ^{99}Mo 和 ^{131}I 在 ^{235}U 裂变核素中占有较大的比例，同时它们也在核医学上应用较广，由此，同位素生产试验堆以 ^{99}Mo 和 ^{131}I 这两种核素为主要生产目标。建设同位素生产试验堆和相关放射性核素生产设施，生产应用广泛、市场急需、效益显著的 ^{99}Mo、^{131}I 等医用放射性核素，摆脱我国此方面依赖于国外的局面，保障国内市场供给，是解决关乎人民群众身体健康的医用同位素领域"卡脖子"问题的重要抓手，并可进一步开拓国际市场，创造显著的经济效益和社会效益。

同位素生产试验堆是以硝酸铀酰水溶液为燃料的均匀水溶液型反应堆，用于生产医用同位素 ^{99}Mo 和 ^{131}I。反应堆功率为 200 kW，每年运行 100 次，每次运行 48 h，停堆 24 h，并在停堆期间，实现同位素提取。反应堆正常运行停堆后 6 h，通过燃料溶液转移与暂存系统将燃料溶液移出反应堆容器，经同位素提取柱完成同位素提取，进入燃料溶液暂存罐，完成燃料溶液检测和配置后，再注入反应堆容器，开启下一个循环。该试验堆生产同位素的最大特点在于，在正常运行停堆后，可直接从反应堆燃料溶液的裂变核素中提取医用同位素，相比常规的靶件辐照法省去了靶件制备与溶解过程，核燃料得以重复利用，节约了富集铀资源，减少了放射性废物量，单位产品能耗大大降低，整体效益得以显著提高。

同位素生产试验堆由反应堆及主要系统、同位素生产系统，以及与它们相关的系统、设备和建（构）筑物所组成。项目设计充分吸收前期研究成果，通过初步设计，解决试验堆工程的可实现性，进而通过施工设计，确保项目落地实施。反应堆及主要系统的主要功能是通过裂变产生放射性核素，同时带走反应堆功率运行产生的热量，以维持反应堆的安全稳定运行；其主要由反应堆本体、一次冷却水系统、二次冷却水系统、气体复合系统、池水净化和冷却系统、紧急排料停堆系统、补酸系统、氮气吹扫系统、燃料溶液转移与暂存系统等构成。同位素提取系统的主要功能是通过同位素提取工艺，提取出所需的目标核素^{99}Mo、^{131}I 等；其主要由 ^{99}Mo /^{131}I 提取分离系统、$Na_2{}^{99}MoO_4$ 溶液生产系统、^{99m}Tc 发生器生产系统、Na^{131}I 溶液生产系统，以及燃料纯化系统、铀回收系统、燃料储存与添加系统等构成。同位素生产试验堆配套系统主要由辐射监测系统、废物处理系统、造水及补水系统、取样系统、通风系统、空调系统等构成，主要功能是收集并处理反应堆系统、同位素提取系统及全厂其他工艺系统在生产过程中产生的固体、液体、气体废物，并确保这些废物排放指标满足国家法规及标准要求。

同位素生产试验堆设施总占地面积约 40 亩[①]，建筑面积约 12 200 m^2，主要由反应堆及主要系统、同位素生产系统、试验堆配套系统及设施组成，建成后可实现同位素^{99}Mo 年产量为 1×10^5 Ci，^{131}I 年产量为 2×10^4 Ci。试验堆厂房效果如图 1-1 所示。

图 1-1　同位素生产试验堆厂房效果图

---

① 　1 亩≈666.67 米^2（m^2）。

第 2 章

同位素应用概况

放射性同位素是指具有不稳定原子核、能自发地放出射线（α、β、γ等）的同位素。作为核技术应用的源头之一，放射性同位素在工业、农业、医学、环保等诸多领域都得到了广泛应用，其中用于医学上的放射性同位素称为医用同位素。20 世纪 70 年代以来，由医用同位素制成的放射性药物在人体内脏器官系统的疾病诊断，冠心病和恶性肿瘤等疑难杂症的诊断、治疗及疗效评价过程中的应用取得长足进展，医用同位素的应用受到了极大关注，迄今已有近百种医用同位素被广泛应用于疾病的诊断和治疗，特别是对人体损害极大的恶性肿瘤的诊断和治疗。

现在，核医学已成为核技术应用中最重要、最活跃的领域之一，该领域的发展与人民群众的生命健康紧密相关，在疾病预防、诊断与治疗中具有先进性、不可替代性和交叉性，促进了现代医学发展质的飞跃。

2.1 ^{99}Mo 的应用

钼-99（^{99}Mo）半衰期为 65.9 h，通过负电子衰变得到^{99m}Tc，是^{99}Mo-^{99m}Tc 发生器的主要原料。由于^{99m}Tc 半衰期短不便运输，通常做法是生产出^{99}Mo，然后制备成^{99}Mo-^{99m}Tc 发生器送往医院，即用即洗。^{99m}Tc 几乎都是由母体核素^{99}Mo 经 β^- 衰变而来。目前，全球主要以供应^{99}Mo-^{99m}Tc 发生器为主，用户每天通过用生理盐水淋洗发生器的方式来获得^{99m}Tc。

锝-99m（^{99m}Tc）具有能量适宜的 γ 射线（140 keV）和半衰期（6.02 h），可广泛用于核医学单光子发射计算机断层显像（SPECT），而且对人体的辐射剂量比较小，核性质比较理想。^{99m}Tc 标记药物全球每年用于核医学诊断 4 000 万次以上，超过核医学应用总次数的 80% 以上。

^{99m}Tc 放射性药物可以通过其药盒化(kit)的标记前体方便制备,因此,^{99m}Tc 被誉为核医学的"战马"。此外,^{99m}Tc 具有从 -1 价到 $+7$ 价的各种化学价态,可以标记各种配体药物,用于脑、心肌、骨等几乎所有脏器和组织的疾病诊断,其丰富的配位化学性质为设计合成具有不同生物分布特性的锝放射性药物提供了广阔的应用前景,被称为"万能核素"。^{99m}Tc - MIBI 对冠心病检查灵敏度高于 90%,特异性高达 85%,准确性接近 90%,特别是对心肌存活性的检查远优于其他方法。^{99m}Tc - MDP 对恶性骨转移癌的检查灵敏度达 90%,与 X 射线相比,可提前 $3\sim6$ 个月发现病灶。^{99m}Tc - ECD 对短暂性脑缺血的诊断阳性率远高于 XCT 和 NMR 法。

^{99m}Tc 使用量最多的是美国,约占全球使用量的 44%,其次是欧洲(22%)、日本(12%)、加拿大(4%)。随着 SPECT/CT 的发展及多种 ^{99m}Tc 标记的显像药物获批上市,预计未来 ^{99m}Tc 在核医学诊断领域仍将扮演重要的角色。因此,如何保证和提高 ^{99m}Tc 的稳定供应以满足持续增长的市场需求,是目前面临的一个重要问题。

20 世纪 60 年代,美国布鲁克海文国家实验室研发了 ^{99}Mo-^{99m}Tc 发生器,为放射药物化学带来了一场革命,而后产生了各类标记药盒和放射性药物,^{99m}Tc 和 ^{18}F 构成了现代核医学的基础。

近年来,^{99m}Tc 标记的纳米放射性药物也引起了广泛的关注,将 ^{99m}Tc 标记到有机或无机纳米载体上,一方面可以提高放射性药物的靶向性,另一方面有望实现多模态成像和诊疗一体化。El-Gebaly 等[1] 发现,在 SPECT 显像之前用游离硫辛酸或硫辛酸纳米胶囊对 ^{99m}Tc - MIBI 药物进行处理,可以显著减少患者和医护人员的心血管辐射损伤。Mirković 等[2] 将 MDP/HEDP 包覆在 Fe_3O_4 表面,然后标记 ^{99m}Tc 制备成磁性纳米颗粒(^{99m}Tc - Fe_3O_4 - MDP/HEDP),在静脉注射后 5 min 便可到达靶向部位,4 h 后基本无全身放射性扩散。其靶向性及小鼠治疗后的存活率较对照组 ^{99m}Tc - MDP 或 ^{99m}Tc - HEDP 有很大程度的提高,且 ^{99m}Tc - MDP 或 ^{99m}Tc - HEDP 在体内外具有良好的稳定性、生物相容性及加热能力,具有作为核成像和磁热疗(PET/MRI)双功能剂的潜力。Wuillemin[3] 等合成了多功能介孔二氧化硅微粒(SBA - 15),这些纳米粒子作为合成多模态探针的载体,利用靶向功能分子在外表面进行修饰,并在孔表面标记 $[M(CO)_3]^+$ ($M = ^{99m}$Tc,$^{186/188}$Re,^{187}Re)。利用 ^{99m}Tc 和 $^{186/188}$Re 的辐射特性和 $[Re(CO)_3]^+$ 的光物理特性,可将荧光成像与放射成像结合起来,并同时具有诊断和治疗的功能。此外,各国学者对 ^{99m}Tc 标记的脂质体、聚合物、树状大分子、碳纳米颗粒、金纳米颗粒等均有研究，^{99m}Tc 标记的纳米粒子可显著改善药物的靶向性、生物分布及体内代谢等特性，有望为核医学带来更为广阔的应用前景。

一方面，^{99m}Tc 作为诊断用放射性核素，已经在核医学中得到广泛应用。另一方面，^{99m}Tc 的优良核性质也在放射性治疗药物有着大量研究和广阔的应用前景。其母体核素^{99}Mo 的生产和供应是保障^{99m}Tc 市场供应的基础。

目前，全球^{99}Mo 每周用量为 10～12 kCi（6 d）。主要由 4 个供应商提供：澳大利亚的 ANSTO、南非的 NTP、荷兰的 Mallinckrodt-Covidien 和比利时的 IRE。主要涉及 6 个反应堆：澳大利亚的 OPAL、南非的 SAFARI－1、荷兰的 HFR、比利时的 BR－2、捷克的 LVR－15 和波兰的 MARIA。其现有供应能力将至少维持到 2025 年。根据经合组织核能署（NEA）和欧洲经济利益集团-影像生产和设备供应商协会（AIPES）的数据显示，^{99}Mo 目前市场供应量超过需求量的 135%，因此认为其短期内供应可靠。但长期来看，^{99}Mo 供应的影响因素很多，导致很难准确预测长期供应。2026 年前有 2 个重要反应堆（HFR 和 BR－2）退役，如果没有新反应堆或新技术取代，则可能导致^{99}Mo 供应进一步短缺。

国内^{99}Mo 几乎完全依赖进口，需求量约为 300 Ci（6 d）。随着国民经济水平的提高以及核医学的大力发展，国内^{99}Mo 需求日益提高，因此国内的^{99}Mo 具有广阔的市场空间。

^{99m}Tc、^{99}Mo 等医用放射性核素的应用为保障人类健康提供了一种有力的武器，不仅为各种流行病的检查创造了有利条件，而且可以应用于诸如恶性肿瘤等人类长期以来难以治愈的疾病的治疗，在人类疾病早期诊断与预防、拯救患者生命、保障人民群众身体健康等方面做出了重大贡献。目前，^{99}Mo 严重依赖进口，随着健康中国战略的实施，未来我国对^{99}Mo 的需求将呈爆发式增长，急需大力开展^{99}Mo 的生产研发，改变^{99}Mo 供应被国外"卡脖子"的局面。

2.2　^{131}I 的应用

^{131}I 是一种十分重要的医用放射性同位素，以^{131}I 为代表的医用核素广泛用于核医学诊断和治疗，在重大疾病的诊断和治疗中的作用不可替代，具有重大的经济与社会价值。^{131}I 发射 β 射线（99%）和 γ 射线（1%），β 射线在组织内射程为 2～4 mm，平均能量为 191 keV，β 射线最大能量为 0.606 3 MeV，主要

γ射线能量为 0.364 MeV,半衰期为 8.02 d。^{131}I 治疗甲状腺功能亢进(简称"甲亢")的效果已为国内外学者所公认,总有效率在 90% 以上,甲亢疾病中最常见的是毒性弥漫性甲状腺肿。放射性碘治疗开始于 1942 年,Hertz 等首先使用 ^{131}I 治疗毒性弥漫性甲状腺肿,至今估计已达 170 万例。应用 ^{131}I 治疗毒性弥漫性甲状腺肿,曾历经波浪式发展,其中出现几次低谷。首先是 20 世纪 50 年代初期,大家对应用 ^{131}I 治疗毒性弥漫性甲状腺肿引起的辐射效应,尤其是对导致癌症、血液病及遗传、生育方面等晚期并发症的顾虑比较多,大剂量 ^{131}I 使大鼠甲状腺癌发病率明显升高这一发现,更使人们不敢再应用 ^{131}I 治疗。其次在同一时期对日本广岛、长崎遭原子弹袭击后情况的研究发现,居民中甲状腺癌发生率有所增高,又引起大家的关注。另外,^{131}I 治疗后出现的甲状腺功能衰退(简称"甲减")问题,从应用 ^{131}I 治疗开始至今一直是大家讨论的焦点问题,在 20 世纪 90 年代曾一度成为阻碍 ^{131}I 治疗毒性弥漫性甲状腺肿的重要理由之一,但是经过几年的研究分析,形成了新的观点,认为甲减并不可怕,可以积极预防和有效治疗,这一观点逐步为大家接受,因而 ^{131}I 治疗毒性弥漫性甲状腺肿又逐渐成为热点。

在恶性肿瘤中甲状腺癌的发病率低,且预后良好,分化良好的甲状腺癌如滤泡性甲状腺癌或乳头状甲状腺癌,即使有远端(如肺、骨、脑、肝等)转移,患者也可存活数年或数十年,故常不引起重视。但是,有的患者转移范围广,使被转移的器官功能受影响,例如肺转移者的肺功能下降,骨转移者易发生骨折,因此对于分化良好的甲状腺癌仍应积极进行治疗。值得注意的是,甲状腺癌并非全属分化型甲状腺癌,甲状腺髓样癌、甲状腺未分化癌的预后较差,特别是甲状腺巨细胞癌及梭形细胞癌,其恶性程度可能是软组织恶性肿瘤中最高的,生存期仅数月。因此,对甲状腺癌应该引起重视,注意其病理类型,选择相应的诊断及治疗措施。由于分化良好的甲状腺癌具有摄 ^{131}I 功能,其转移灶尽管摄 ^{131}I 能力低于正常甲状腺组织,仍然高于身体的其他正常组织或器官,特别是在甲状腺切除术后,其摄 ^{131}I 能力更为显著,利用这种特性,可以将 ^{131}I 全身扫描显像用于分化型甲状腺癌转移灶定位及定性诊断。

^{131}I 在临床上主要用于甲状腺功能诊断,甲状腺功能亢进(如 Graves 甲亢、Plummer 甲亢),甲状腺癌残余灶、转移灶,甲状腺增生等的治疗,以及制备新型的 ^{131}I 标记放射性自膨式胆道金属支架。临床实践表明:相比于常规用药治疗的效果,^{131}I 治疗甲亢可提高临床疗效,显著降低患者血清甲状腺激素水平,降低复发率和并发症发生率,不良反应轻,值得推广应用。目前,已经公

认用[131]I 治疗甲状腺功能亢进是一种安全、简便、经济、有效的治疗方法。

此外，[131]I 还是多种标记药物的重要原料，如：制备[131]I - nimotuzumab、[131]I - metaiodobenzylguanidine（MIBG）、邻碘[^{131}I]马脲酸钠、[131]I -单克隆抗体（利卡汀、唯美生）等，用于肾、肝、心肌、脑显像和杀伤多种实体肿瘤细胞。我国核医学领域[131]I 年需求量约 1 万居里，仅次于[99m]Tc，每年增长很快，发展潜力极大。随着我国 SPECT/CT 装置在医院的普及，国内将会加大对新药尤其是放射性治疗药物研发方面的投入，放射性药物品种将逐渐丰富，以满足广大患者需求。其中[131]I 的需求量也会逐年快速增长，虽然与发达国家比用量不大，但随着人口老龄化以及环境恶化和国家经济的不断增长，人民对健康要求的不断提高和核医学的普及，[131]I 的需求每年保持高速增长，今天的巨大潜力将转化为明天的巨大市场。

2.3　[125]I 的应用

[125]I 是一种重要的人工放射性核素。[125]I 因其具有半衰期较长（59.4 d）、γ射线能量相对较低（35.5 keV）、无 β 辐射、对人体组织产生的辐射损伤小等优点，已广泛应用于近距离植入治疗肿瘤、放射自显影、放射免疫体外诊断、骨密度测量及 X 射线荧光分析等的研究。据保守估计，国际市场对[125]I 密封粒源的需求在 500 万粒以上，按每粒籽源售价 500 元计，市场规模可达 25 亿元。目前，国内密封籽源的销售量约为每月 8 万粒，对[125]I 原料的需求已超过每月 5.55 TBq（150 Ci）。

加速器和反应堆都可以生产[125]I。然而，由于加速器方法生产[125]I 不仅成本较高、产量低，而且产品中含有其他碘的放射性同位素，难以分离，因此加速器生产[125]I 的方法未能在实际应用中得到推广。根据辐照生产方法和回收方式的不同，反应堆辐照制备[125]I 主要可以分为 3 类：高压靶筒分批辐照法、间歇循环回路法和连续循环法。目前，国际上稳定生产的方法主要为间歇循环回路法。

中国原子能科学研究院根据中国先进研究堆（CARR）的场所条件，设计加工了[125]I 制备循环回路模拟系统，并于 2017 年完成调试，结果证实系统入堆安装调试的可行性，为建立反应堆辐照制备[125]I 回路系统提供了参考。目前，CARR 完成了百居里级[125]I 的生产工艺研究。而中国原子能科学研究院运行的游泳池式轻水反应堆（简称 49-2 堆）建立的循环回路系统也具备每批

40 Ci ^{125}I 的生产能力。中国核动力研究设计院对中子辐照试验平台——岷江试验堆(MJTR)进行了适应性改造,开展了连续循环法辐照生产^{125}I 工艺装置的加工、安装、调试和热试验验证。调试结果表明,系统装置具有较好的气密性和稳定性,证实了连续循环法辐照生产^{125}I 的可行性,为富集^{124}Xe 在 MJTR 上的安全辐照生产提供了技术保障。

2.4 ^{89}Sr 的应用

前列腺癌、乳腺癌及肺癌等恶性肿瘤,晚期会导致骨转移,骨转移是引起病理性骨折、骨髓衰竭、行走困难、神经压迫等症状及高血钙症的原因。骨转移引发的疼痛严重影响患者的生存质量。转移性骨痛根据其病灶部位、数目的不同可分别采用手术、放疗、化学药物(激素和止痛药物)和核素治疗。以往常用的姑息疗法为药物疗法和放疗。药物疗法中若长期使用麻醉类止痛药可使身体产生依赖性和耐药性,不良反应也较多;激素止痛效果差,复发率高。放疗则主要是应用 γ 射线的外照射治疗,外照射放疗对局部病灶的镇痛可达 70%,而难以应用于全身多发骨转移,虽然也有对广泛骨转移进行半身照射的方法,但对骨髓、肺和胃肠道的毒性大。因而,对于广泛多发的骨转移灶,使用核素治疗能够起到更广泛和持久地缓解疼痛、提高生活质量的作用。

^{89}Sr 是一种 β 放射性核素,其物理半衰期为 50.53 d,衰变时主要放出 β 射线,β 射线最大能量为 0.586 MeV ($9.6×10^{-3}$%)和 1.495 MeV (99.99%),平均能量为 0.56 MeV;γ 射线能量为 0.909 MeV ($9.6×10^{-3}$%)。作为钙的同族元素,^{89}Sr 是一种亲骨性放射性核素,进入体内后同钙一样参加骨矿物质的代谢过程,通过静脉给药后,恶性肿瘤骨转移病灶的摄取率大于正常骨组织的 2~25 倍,并滞留在病灶中,利用其 β 射线辐射效应杀伤癌细胞,缩小病灶,其作用一是缓解病情,延长患者生命,二是起到良好的镇痛作用,减少患者的痛苦。^{89}Sr 在正常骨内的生物半衰期为 14 d,在转移灶内的生物半衰期大于50 d,故具有在体内有效半衰期长和维持治疗作用时间长的特点,一次静脉注射疗效长达 3~6 个月,可有效改善癌症患者的生命质量。

目前,市售的^{89}Sr 核素产品主要是氯化锶[^{89}Sr]注射液,主要用于前列腺癌、乳腺癌、肺癌等晚期恶性肿瘤骨转移所致骨痛的缓解,是骨痛止痛的一种补充性治疗选择,是治疗前列腺和乳腺癌骨转移疗效最好、毒性较低的放射性药物。

^{89}Sr 用于治疗骨肿瘤的研究最早可追溯到 20 世纪 30 年代，Pecher[4] 于 1941 年发表论文，表明 ^{89}Sr 发射的 β 射线能干扰痛觉在轴索中的传导，有明显的止痛作用，^{89}SrCl$_2$ 在骨转移灶的聚集量是正常骨内的 2～25 倍，对骨转移癌引起的疼痛具有良好的镇痛效果。

1989 年，^{89}Sr 在英国开始正式应用于临床；1993 年，^{89}Sr 产品"Metastron" 获美国 FDA 批准上市；1999 年，氯化锶[^{89}Sr]注射液在俄罗斯上市。氯化锶 [^{89}Sr]注射液于 20 世纪 90 年代进入中国市场，并被收纳于 2015 年版和 2020 年版的《中华人民共和国药典》。目前进行 ^{89}Sr 商业生产的国家有中国、俄罗斯、荷兰和比利时等。

中国核动力研究设计院从 20 世纪 90 年代开始研究 ^{89}Sr 的制备，以 ^{88}SrCO$_3$ 为原料，生产有载体氯化锶[^{89}Sr]溶液。2019 年以后逐步恢复 ^{89}Sr 的制备，目前所生产的有载体氯化锶[^{89}Sr]溶液已经实现商业供货。

2.5　^{14}C 的应用

碳-14(^{14}C)是碳元素的一种放射性同位素，于 1940 年首次由美国劳伦斯伯克利国家实验室发现[5]，半衰期约为 5 730 年，衰变方式为 β 衰变，β 射线最大能量为 156 keV。^{14}C 半衰期长，射线能量较低，用它作为示踪剂，具有方法简单、易于追踪、毒性小、准确性和灵敏性高等特点，在研究物质分布、揭示反应机制、阐明迁移过程、医学临床诊断等方面扮演着重要的角色，已广泛地应用在疾病诊断、新药开发、工业、农业等诸多领域，尤其是高比活度 ^{14}C 标记的生物医药分子用于药代动力学研究，是生物医药研究中不可缺少的、最有效的科学技术手段之一，具有重要意义[6]。

^{14}C 的生产通常是以含氮化合物为原料，在反应堆中经热中子辐照后由 ^{14}N(n, p)^{14}C 反应生成放射性核素 ^{14}C，再经过化学处理转化为较稳定的 Ba^{14}CO$_3$ 固体化合物，它是制备各种 ^{14}C 标记化合物的起始原料。

中国核动力研究设计院利用高通量工程试验堆(HFETR)，通过自制氮化铝靶料，采用干法氧化法提取 ^{14}C 并制得 Ba^{14}CO$_3$，产品比活度为 55 Ci/mol 以上，达到国际先进水平。目前，所生产的高比活度 Ba^{14}CO$_3$ 已经实现商业供货。

2.6　^{223}Ra 的应用

^{223}Ra 为天然^{235}U 衰变系列中的成员，其半衰期相对合适（11.4 d），较适合运输及治疗。^{223}Ra 通过 6 个阶段衰减变为短寿命子体，最终衰变为稳定的^{207}Pb。^{223}Ra 主要发射 α 射线，同时也会产生不同能量和比例的 β 射线和 γ 射线。^{223}Ra 与钙同族，可以模拟钙在骨更新增多的部位（例如骨转移部位），与骨矿物质羟基磷灰石形成复合物。^{223}Ra 发射的高线性能量（80 keV/μm）转移射线可引起邻近细胞的双链 DNA 断裂，进而对骨转移产生抗肿瘤作用。^{223}Ra 发射 α 射线的射程短（不到 10 个细胞直径），能够最大限度地减少对周围正常组织的伤害。与其他 α 核素相比，^{223}Ra 具有如下优势。

（1）^{223}Ra 具有较长的半衰期，在发生衰变之前大部分的镭将从软组织中去除，可降低骨与软组织的吸收剂量比。

（2）较长的半衰期可使^{223}Ra 与骨表面结合牢固，大大减少其和子体的易位，降低其对正常组织造成的毒副作用。

（3）来自^{223}Ra 的较短半衰期子体^{219}Rn（$T_{1/2}=4$ s）可以使来自镭的子体核素较少易位。因此，^{223}Ra 是一种具有较低毒性的 α 放射治疗核素[7-8]。

2013 年 5 月和 11 月，^{223}RaCl$_2$ 分别由美国食品和药物管理局（FDA）和欧盟药品管理局（EMA）批准上市，用于治疗伴有骨转移症状且无内脏转移的去势抵抗性前列腺癌（CRPC），商品名为 Xofigo。因此，^{223}Ra 成为第一个获批上市的 α 核素。2020 年 8 月 27 日，拜耳公司研发的多菲戈（^{223}RaCl 注射液）正式获得中国国家药品监督管理局的批准，用于治疗 CRPC 患者。

^{223}Ra 是一种反应堆生产的 α 放射性核素，^{223}Ra 的反应堆制备是通过热中子辐照^{226}Ra，通过^{226}Ra（n，γ）^{227}Ra 反应生成^{227}Ra，^{227}Ra 经过 β 衰变为^{227}Ac，^{227}Ac 发生 β 衰变为^{227}Th，^{227}Th 再经 α 衰变为^{223}Ra，经过分离提纯获得^{223}Ra。

2.7　^{177}Lu 的应用

放射性核素偶联药物（radionuclide drug conjugates，RDC）利用肿瘤靶向载体，将诊断或治疗核素特异性递送到肿瘤部位，使放射性同位素产生的放射线集中作用于组织局部，在高效精准治疗的同时降低全身暴露对其他组织造成的损伤,实现肿瘤的精准诊疗。RDC 因其具有特异性、靶向性、动态直观性和无创性等特点,在肿瘤的高危筛查、诊疗一体化等方面具有独特优势,正在成为肿瘤诊疗中的全新解决方案。

镥-177(^{177}Lu),半衰期为 6.6 d,通过 β 衰变为稳定的子体 ^{177}Hf,放射出最大能量为 497 keV(78.6%)、384 keV(9.1%)、176 keV(12.2%)的 β 粒子,平均能量为 130 keV,射程约为 2.5 mm,可以在杀死肿瘤细胞的同时减少对周围正常组织的损伤。其衰变过程还放出能量为 113 keV(6.4%)和 208 keV(11%)的 γ 光子,适合用于病灶部位的显像定位,可以在治疗病灶的同时精准监测放射性药物在体内的治疗效果,达到“诊疗一体化”的目的。不仅如此,镥(Lu)作为一种 +3 价稀土元素,易与多种配体配位,便于进行放射性药物的标记。因此,虽然 ^{177}Lu 的研究与应用起步较晚,但其依靠优异的物理化学性质,显示出用于体内治疗的极大潜力。作为第一个获批的 ^{177}Lu 标记放射性药物,^{177}Lu 标记的生长抑素类似物 ^{177}Lu-DOTATATE(Lutathera$^®$),已在欧洲(EMA)和美国(FDA)获批用于临床治疗胃肠胰腺神经内分泌肿瘤(GEP-NETs),治疗效果显著。

受益于 ^{177}Lu-DOTATATE、^{177}Lu-PSMA-617 等药物获批上市和良好的临床前景,^{177}Lu 已在前列腺癌等恶性肿瘤疾病的临床靶向放射性治疗中取得了显著疗效。以 ^{177}Lu 为标记核素的药物对治疗肝癌、软组织肉瘤等其他恶性肿瘤的作用也正在研究中。但我国还没有相关药物上市,国内在研管线也基本对标国际已上市产品。截至 2024 年 3 月,国家药品监督管理局药品审评中心(CDE)官网上获批临床试验的镥标产品为 12 款,主要针对前列腺癌、神经内分泌瘤、甲状腺癌等。

2.8　^{90}Y 的应用

在全球范围内,肝癌的发病率逐年增加,我国每年新增肝癌患者占全世界的 50% 以上,肝癌在我国是致死率最高的一类恶性肿瘤。常规治疗手段对肝癌的适用性很低,适于手术切除治疗的原发性肝癌适应证比例小于 10%,转移性肝癌适应证比例小于 5%,由于正常肝脏组织对放射性非常敏感,外照射治疗也不适用于肝癌治疗。目前,对于不可手术切除肝癌和转移性肝癌,临床上有效的治疗手段是经肝动脉放射性栓塞治疗(TARE)。TARE 的原理是在肝动脉注入特定粒径的放射性微球,由于肿瘤组织主要供血来自肝动脉,微球借助血流流向肿瘤组织并栓塞在毛细血管床中，一方面阻断肿瘤组织营养供应，另一方面借助放射性核素的剂量沉积清除肿瘤组织或细胞。TARE 自 1987 年以来就已应用于临床，其治疗的有效性和安全性已被逐渐证实，目前在欧美国家已成为主要的放射性植入治疗方法之一。

^{90}Y 是一种纯 β 射线发射体，半衰期为 64 h，衰变放出的最大能量为 2.27 MeV，平均能量为 0.93 MeV，子体核素为稳定的 ^{90}Zr。^{90}Y 是最早用于放射性治疗的放射性核素之一，其化学性质简单，具有良好的螯合性质，平均组织射程为 2.5 mm，最大为 11.9 mm，可对实体肿瘤进行高剂量的辐射治疗。^{90}Y 具有良好的螯合性能，与 DOTA(1,4,7,10-四氮杂环十二烷-1,4,7,10-四乙酸)、DTPA(二乙基三胺五乙酸)、EDTMP(乙二胺四亚甲基膦酸)均可形成稳定络合物，^{90}Y 易于制成微球、标记化合物等放射性药物，在肝癌、肺癌、神经胶质瘤、皮肤疾病等的治疗中显现出较好的治疗效果和广阔的应用前景。

目前，应用于 TARE 的商用放射性微球主要有 ^{90}Y 玻璃微球、^{90}Y 树脂微球。其中：^{90}Y 玻璃微球有着稳定性好、^{90}Y 释放率低、微球放射性比活度高等优点；而 ^{90}Y 树脂微球具有比重小、易注射等优点。

2.9 ^{133}Xe 的应用

^{133}Xe 的半衰期为 5.243 d，最大 β 射线能量为 0.346 MeV，主要 γ 射线能量为 81 keV。^{133}Xe 的 γ 射线能量低，便于防护、化学上惰性、毒性小，在生理盐水中有较大的溶解度。在核医学领域制成 ^{133}Xe 生理盐水注射液，用于肺功能研究(包括肺气肿、急性肺炎、支气管哮喘、肺栓塞等的诊断)，以及人体心肌、大脑、肢体等各部位的血流量测定，可通过吸入法和注射法两种途径进入人体。^{133}Xe 成像具有无创伤性、快速简便和吸收剂量少等特点，是一种具有良好应用前景的医用放射性核素。^{133}Xe 是 ^{235}U 裂变产物中的一种气态放射性核素，从 ^{235}U 裂变气体中回收分离 ^{133}Xe 是目前生产 ^{133}Xe 的主要方法。

参考文献

[1] El-Gebaly R H, Rageh M M, Maamoun I K. Radio-protective potential of lipoic acid free and nano-capsule against ^{99m}Tc-MIBI induced injury in cardio vascular tissue [J]. Journal of X-ray Science and Technology, 2019, 27(1): 83-96.

[2] Mirković M, Radović M, Stanković D, et al. ^{99m}Tc-bisphosphonate-coated magnetic nanoparticles as potential theranostic nanoagent [J]. Materials Science and

Engineering C Materials for Biogical Applications，2019，102：124 – 133.

［ 3 ］　Wuillemin M A，Stuber W T，Fox T，et al. A novel ^{99m}Tc labelling strategy for the development of silica based particles for medical applications［ J ］. Dalton Transactions，2014，43(11)：4260 – 4263.

［ 4 ］　Pecher C. Biological investigations with radioactive calcium and strontium Proceedings of the Society for Experimental Biology and Medicine，1941，46(1)：86 – 91.

［ 5 ］　Ruben S，Kamen M D. Long-lived radioactive carbon：C14［J］. Physical Review，1941，59(4)：759 – 764.

［ 6 ］　Ye Y E，Woodward C N ，Narasimhan N I. Absorption，metabolism，and excretion of ［^{14}C］ ponatinib after a single oral dose in humans［J］. Cancer Chemother Pharmacol，2017，79：507 – 518.

［ 7 ］　Deshayes E，Roumiguie M，Thibault C，et al. Radium 223 dichloride for prostate cancer treatment［J］. Drug Design，Development and Therapy，2017，11：2643 – 2651.

［ 8 ］　Nilsson S，Larsen R H，Fosså S D，et al. First clinical experience with α-emitting radium-223 in the treatment of skeletal metastases［J］. Clinical Cancer Research，2005，11(12)：4451 – 4459.

第 3 章
同位素生产方式

放射性同位素生产所利用的原料,是通过^{235}U 裂变或类同位素辐照获得的,通常可采取靶件入堆辐照或中子加速器辐照法获得,也可以利用水锅炉型溶液堆链式裂变反应所产生的放射性核素,再采取一定的同位素提取工艺措施,以获取^{99}Mo、^{131}I、^{89}Sr、^{90}Y、^{133}Xe 等有益的放射性同位素。

放射性核素的应用业已遍及医学、工业、农业和科学研究等各个领域。在很多应用场合,放射性核素至今尚无代用品,且暂无比现有技术更有效、更便宜的可替代技术。目前,几乎所有国家都使用放射性核素,其中有 50 个国家拥有进行放射性核素生产或分离的设施。正如国际原子能机构(IAEA)所评价的那样:"就应用的广度而言,只有现代电子学和信息技术才能与同位素和辐射技术相提并论,同位素和辐射技术正在为全世界社会经济的发展做出宝贵的贡献。"目前,可采取的生产医用放射性核素的方式有反应堆辐照法、加速器辐照法、溶液堆裂变提取法、反应堆乏燃料提取法 4 种。

3.1 反应堆辐照法

固体靶件反应堆辐照法是目前生产放射性同位素最主要最成熟的途径,目前市场上使用量最大的几种医用放射性同位素(如^{99}Mo、^{131}I 等)基本都是依靠反应堆辐照法生产。其原理是利用已有反应堆运行过程中燃料发生裂变反应产生的中子,将靶件置于反应堆中子辐射场中,使其与靶件中的^{235}U 发生核反应进而生成所需的放射性核素,然后再通过适当的化学或物理方法将目标核素从靶料中分离提取出来。固体靶件反应堆辐照法生产放射性同位素具有产量高、规模大、生产核素种类多等特点,可以生产绝大多数的放射性同位素,但这种方法对于已有核反应堆设施及其运行的依赖性较强。

虽然固体靶件反应堆辐照法是目前生产^{99}Mo、^{131}I 的主要方法,但面临现有反应堆设施老化、即将退役、产能萎缩等现状,难以满足市场需求。生产这些核素的反应堆包括加拿大的 NRU、荷兰的 HFR、比利时的 BR-2、法国的 OSIRIS、波兰的 MARIA、阿根廷的 RA-3、捷克的 LVR-15、南非的 SAFARI、澳大利亚的 OPAL 等,另有德国的 FRJ-2/FRM-2、埃及的 ETRR-2,以及其他一些类似的反应堆生产的核素仅能满足其国内需求。全球供应^{99}Mo 的主要反应堆情况如表 3-1 所示。

表 3-1　全球^{99}Mo 供应主要反应堆情况

序号	国　家	反应堆	退役时间/ 计划退役时间	铀富集度	备　注
1	加拿大	NRU	2018	LEU	低浓
2	荷兰	HFR	2024	LEU	—
3	比利时	BR-2	2026	HEU	高浓
4	法国	OSIRIS	2015	HEU	—
5	波兰	MARIA	2030	HEU	—
6	阿根廷	RA-3	2027	LEU	—
7	捷克	LVR-15	2028	LEU	—
8	南非	SAFARI	2030	LEU	—
9	澳大利亚	OPAL	2057	LEU	—

3.2　加速器辐照法

加速器制备是生产放射性同位素的一种重要方式,其原理是利用加速器加速高能带电粒子(质子、氘核、α 粒子、重离子等)轰击靶核,通过带电粒子与靶核的核反应产生所需的放射性核素,再通过物理或化学方法分离提取获得放射性核素。利用加速器生产的医用放射性核素主要有^{18}F、^{64}Cu、^{89}Zr、^{111}In、

^{211}At、^{225}Ac 等。与反应堆生产的放射性同位素相比,加速器生产的放射性同位素具有半衰期短、产量低等特点,且生产的放射性核素多为缺中子核素,其应用范围受到一定限制。

从技术角度讲,采用加速器生产 ^{99}Mo 和 ^{99m}Tc 是另一种选择。但其成本很高,难以实现规模化生产,市场前景黯淡。即使是辐照钼富集度 100% 的 ^{100}Mo(天然丰度 10%),获得的 ^{99}Mo 也比反应堆裂变方式生产的低 2 个数量级,而且化学分离会进一步降低产额。另外,最终 ^{99}Mo 产品的化学纯度比反应堆生产的低,导致患者受照剂量更高、显像精度更差。加速器生产 ^{99m}Tc,可以通过 ^{100}Mo(p,2n)^{99m}Tc 反应直接生成 ^{99m}Tc,获得的 ^{99m}Tc 的量约为同样时间采用反应堆生产量的 50%。由于 ^{99m}Tc 的半衰期仅为 6 h,只能在使用场所附近生产,考虑到分离、纯化投资,该方式的经济性差,并且最终产品核纯度(约 25% ^{99m}Tc 和约 75% ^{99}Tc)也是问题。因此,无论是生产 ^{99}Mo 还是 ^{99m}Tc,都必须使用非常贵的 ^{100}Mo 富集靶,而最终产品产量很低,并且必须分离和循环使用剩余的 ^{100}Mo,难以实现规模化生产,经济性远比采用反应堆生产的差。

3.3　溶液堆裂变提取法

溶液堆具有固有安全性好、生产工艺简单、产生放射性废物少、对环境影响小、投资少和生产成本低等明显优点,因此受到了许多国家的重视。通过从溶液堆燃料溶液中提取裂变核素的方式直接提取同位素,在反应堆运行过程中,^{235}U 既作为燃料又以靶件形式存在,大大提高了核裂变中的中子利用率,因此该提取方式具有能耗低、规模产量高的显著特点。同位素生产试验堆的目标核素为核医学上运用较广的 ^{99}Mo 和 ^{131}I,它们在 ^{235}U 裂变核素中占有较大的比例,其构成如图 3-1 所示。

溶液堆燃料溶液成分通常以 UO_2SO_4 或 $UO_2(NO_3)_2$ 等形式存在,溶液的 pH 值也可以调节。中国核动力研究设计院设计的同位素生产试验堆采用硝酸铀酰[$UO_2(NO_3)_2$]溶液作为燃料,其中的 ^{235}U 是反应堆运行的燃料,也是生成 ^{99}Mo、^{131}I 等医用放射性核素的"靶材料"。采用溶液堆生产医用放射性核素具有以下突出优点。

(1) 堆芯设计弹性大。堆芯设计热功率可以在 50～300 kW 范围内变化;低压强、低温度运行的热力学状态,使得溶液堆堆芯几何形状可以根据安全性

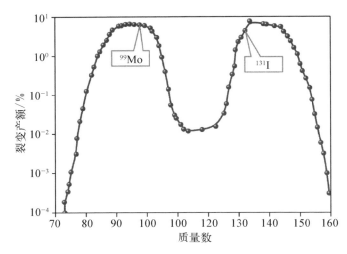

图 3 - 1 ^{99}Mo 和 ^{131}I 在裂变核素中占比

能的需求来选择。

（2）堆芯固有安全性高。溶液堆的固有安全性由系统自身较大的负反应系数（负的温度反应性系数和气泡反应性系数）所决定。溶液堆运行时，堆内产生的裂变能量释放于溶液之中，部分转化为热能（冷却系统将带走一部分）使溶液温度升高，部分使水和酸裂解成为气体。这两种因素都将使燃料溶液的密度减小、体积增大，造成中子泄漏。在典型的瞬态过程中，由于燃料温度升高和气泡形成所产生的负反应系数，可以有效抑制反应性单向变化，使得堆芯维持其固有安全性。在法国的 CRAC 和 SILENE 设备上进行的实验都曾观察到这一现象。

（3）中子利用率高。通常来讲，在传统的反应堆辐照法中，目标靶件类同位素受到燃料裂变中子辐照而产生放射性核素。堆芯功率和靶件功率的比值是 100 : 1 量级，这意味着更多的燃料消耗及废物产生都必须叠加到目标靶件上。而溶液堆中燃料和"靶件"为一体，若要达到同样产量的 ^{99}Mo，溶液堆只有约 1/100 的功率消耗和 1/100 的废物产生。也就是说，与传统生产方法中通过目标靶件辐照产生医用放射性核素相比，用溶液堆生产医用放射性核素所需的功率更低、放射性废物更少，且乏燃料更少。

（4）无靶件操作，废物产生少，放射性废物管理方便。利用溶液堆生产同位素省去了靶件制作和溶解相关的过程，当然也避免了其间的化学处理和放射性废物产生。传统生产方法产生的乏燃料元件需要储存处理或是循环再处理，而溶液堆中的燃料可以直接回收利用，再进行医用放射性核素的生产，直到它不再具有生产能力(约为 20 年后)才最后储存。

（5）可有效获取其他医用放射性核素。溶液堆运行期间发生强烈的"辐照沸腾"，一些挥发性的裂变产物会形成气体存在于溶液上方。其中包括一些有用的核素，如 ^{89}Sr、^{90}Y、^{133}Xe、^{131}I、^{132}I、^{133}I 等。

（6）反应堆建设和运行成本低。溶液堆运行功率低，尺寸小，相应的冷却系统、气体处理系统、控制系统及其他辅助设备尺寸更小、更简单；核素分离、提纯及封装系统与靶件方法相似。建造更小、更简单的溶液堆比高功率的传统非均匀堆花费少得多。固有安全性使得控制系统更加简单，无须靶件制造和运输，避免了更多的燃料消耗及废物产生，这些都将使溶液堆的运行成本更低。

反应堆辐照法、加速器辐照法、溶液堆裂变提取法 3 种生产方式的优缺点比较如表 3-2 所示。

表 3-2 3 种生产方式对比表

生产方式	发展阶段	优　点	缺　点
反应堆辐照法	可行（转化时间从数月至 13 年）	与 HEU 堆比较，安全风险低	（1）中子利用率低，产量小； （2）需重复靶件制造和溶解，转化成本高； （3）需高安全的辐照核设施保障； （4）单位产品放射性废物多
加速器辐照法	研究（MYRRHA，2018 年投运）	（1）无临界安全风险； （2）可使用现有生产和发生器制备技术	（1）需重复靶件制造和溶解，转化成本高； （2）单位产品放射性废物多； （3）比反应堆辐照法更低的利用率； （4）科研与核素生产的相互影响
溶液堆裂变提取法	已有验证，需要进一步研究	（1）反应堆固有安全性高； （2）裂变材料与靶件合二为一，中子利用效率高； （3）无须生产靶件； （4）直接从燃料中提取裂变核素，可批量化生产； （5）单位产品放射性废物少	（1）需开发新的核素批量分离技术； （2）需进一步提高堆功率； （3）需药品监管部门批准

3.4 反应堆乏燃料提取法

反应堆中卸出的乏燃料元件中除了钚和铀可以提取回收外，还含有大量有价值的核素。这些核素包括一些裂变产额高、半衰期长的核素（如 ^{90}Sr、^{137}Cs 和 ^{147}Pm 等），贵金属（如 ^{99}Tc、^{103}Rh 和 ^{107}Pd 等），以及超铀核素（如 ^{237}Np、^{241}Am 和 ^{242}Cm 等）。它们在国防和国民经济中有着重要用途。自 20 世纪 50 年代以来，许多国家都积极开展从反应堆乏燃料中提取上述重要核素的研究工作，并建立了一些工厂以大量回收利用乏燃料中的有益核素。

综上所述，建设溶液型同位素生产试验堆进行 ^{99}Mo、^{131}I 等医用放射性核素生产，具有产能大、成本低、环境影响小等显著优势。该试验堆具有规模化产能优势，属于创新型项目，设施建成投入运行后，将是全球单堆功率最大的用于同位素生产的专用均匀水溶液型反应堆，在解决医用同位素领域"卡脖子"问题的同时，也可带来极大的经济价值和社会效益。

第 4 章

溶液堆发展概况

溶液堆是以含铀水溶液作为燃料的核反应堆,其燃料多以硝酸铀酰(或硫酸铀酰)存在。实际上,在发现铀裂变后,以溶液燃料和慢化剂的均匀混合物为燃料的核反应堆是首批核系统实验研究对象。早在曼哈顿计划前,英国卡文迪许实验室的 Halban 和 Kowarski 就开展了实验研究,实验结果表明,用重水中的 U_3O_8 浆液可以成功实现自持链式反应。

4.1 国外发展概况

20 世纪 40 年代,在发现铀裂变后,以溶液或燃料和慢化剂的均匀混合物为燃料的核反应堆是首批核系统实验研究对象。美国洛斯阿拉莫斯国家实验室、橡树岭国家实验室、英国卡文迪许实验室等即开展了大量研究[1],提出以硝酸铀酰(或硫酸铀酰)水溶液为核燃料的溶液堆的概念,并曾建造约 40 座均匀水溶液型反应堆(不包括苏联)。但这些堆都用于试验研究(中子活化分析、中子照相、人员培训等)而非生产目的,并且大多数已停止使用。将该类型的堆用于医用放射性核素生产是 20 世纪 90 年代提出的新设想。自提出溶液堆概念以来,世界上出现了不少针对均匀水溶液反应堆的实验研究。

4.1.1 美国概况

1) LOPO、HYPO、SUPO 系列反应堆

洛斯阿拉莫斯国家实验室 1943 年开始关注以浓缩铀盐溶液为燃料的均匀反应堆,即试图寻求使用最少浓缩铀燃料的链式反应系统。早期几个代表性的装置包括低功率水锅炉(the low power water boiler, LOPO),高功率水锅炉(the high power water boiler, HYPO)和超级水锅炉(the super power water boiler，SUPO）。

为研究各种浓度和慢化剂材料下 ^{235}U 均匀燃料溶液的临界质量，洛斯阿拉莫斯国家实验室于 1944 年建立了零功率溶液堆试验装置 LOPO，使用富集硫酸铀酰溶液作为燃料，采用球形堆芯加各种不同材料的反射层。

基于 LOPO 实验的成功，考虑到这类小尺寸堆芯能够在中等功率下产生较高中子通量，洛斯阿拉莫斯实验室于 1944 年启动了带功率的水溶液堆 HYPO。与 LOPO 相比，HYPO 实验采用硝酸铀酰溶液作为燃料，并使用了更多控制棒以获取更大可控空间，增加了冷却机制，在堆内加入了一个水平管道以获取高通量密度的中子。在总长 157 in（1 in＝2.54 cm）的冷却盘管排热机制下，HYPO 达到了 5.5 kW 的运行功率，且燃料溶液温度未超过 85 ℃；同时，堆内气泡的形成并没有影响有效换热表面面积。并在水平管道中监测到了 $5 \times 10^{10} /（cm^2 \cdot s）$ 的中子注量率。

在 HYPO 基础上，为获取更高中子通量以拓展应用领域，洛斯阿拉莫斯国家实验室对 HYPO 做了大幅改进，形成 SUPO 反应堆。比较重要的改进如下：用盘旋式冷却管代替了单独的冷却管；硝酸铀酰溶液中 ^{235}U 富集度从 15％增加到 88.7％；增添了气体复合系统。此外，SUPO 反应堆堆芯是一个直径为 12 in 的不锈钢球体，外包 55 in 的石墨立方反射层，采用轻水作为慢化剂。在典型工况下功率为 25 kW，气体循环速度为 100 L/min，燃料温度为 75 ℃，燃料溶液的 pH 值小于 2，氢气氧气总产生率为 0.44 L/（min·kW），氮气分解率为 2.5 mL/（min·kW）。

在 SUPO 反应堆运行及实验期间，最大达到了 45 kW 的热功率，功率密度峰值为 2.8 kW/L；最大热中子通量为 1.7×10^{12} $cm^{-2} \cdot s^{-1}$。实验结果表明：气体复合系统能使所有产生的气体复合成水直接重返堆芯，大大改善了 SUPO 的运行特性；排热盘管的加入使功率由 HYPO 的 5.5 kW 升至 45 kW；测量到了等于理论预测值 3 倍的传热系数，这应该是由液体的搅混造成的；SUPO 堆芯可以在短时间内迅速启动和停闭，功率水平可以从 1 kW 到 45 kW。在 0.1％甚至更小的功率稳定性要求下，功率水平不能高于 30 kW。限制功率的因素主要是气体复合系统循环效率，而不是气体在堆内的产生率，或是传热系统的热交换能力。超过 35 kW 的功率水平会导致循环气体内的氢气含量超过 10％，并使复合催化剂的温度超过 500 ℃，这两种因素会导致氢气和氧气在催化室的燃烧，造成功率振荡，进而造成无法被自动控制系统补偿的功率振荡。对 SUPO 反应堆的研究还显示，引入反应性时，燃料溶液分解的气体首先带来负反馈效应,由于气泡效应造成的反应性减小通常是温度效应的 5 倍。因此,气泡的生成是水溶液反应堆固有安全性大的重要因素。随着气泡离开堆芯,温度效应的影响越来越重要。

2) NCSR 溶液堆

北卡罗来纳州立大学反应堆(the North Carolina State College Reactor, NCSR)[1]堆芯主体在借用 SUPO 堆设计的同时,还具有一些不同的特征。该堆采用圆柱形堆芯,外包 5 in 正方体的石墨反射层,燃料溶液选取 90% 富集度 ^{235}U 的硫酸铀酰溶液。该堆同样引入了气体复合系统,与硝酸铀酰燃料溶液不同的是,分解的气体中只有氢气、氧气和裂变产物气体。当反应堆在 400 W 功率下运行 1 h 时,由于铀质沉淀,造成了与 40g ^{235}U 燃料相当的反应性损失,燃料溶液的 pH 值也由 2.3 降到了 1.3。在反应堆停闭温度快速下降的同时,堆内会产生 UO_4 沉淀物。向堆内添加 $CuSO_4$ 和 $FeSO_4$,会催化过氧化氢气体的分解,增加溶液的溶解度。

3) SUPO II 反应堆

SUPO 实验相关的研究显示,经过堆芯设计的优化,还能获得更高的中子通量密度。SUPO II 反应堆[1]堆芯容器上部采用圆柱形,与球形相比,溶液自由面积增大,循环气体更容易被排出,溶液上方有更大的紧急扩展空间,更容易布置中子屏蔽装置及其他竖直机构(如控制棒)。同时,在 SUPO II 的设计中,用更加简单但复合能力增强了 10 倍的复合系统取代了 SUPO 中的气体复合系统,SUPO II 催化系统的处理能力 20 倍于 SUPO。

在 SUPO 实验中,提高通量的主要约束因素包括气体复合系统的循环速度、催化室的处理能力、热交换能力和屏蔽效率。这些影响因素的约束都能通过增大相关装置的尺寸或处理能力来轻易打破,而实质上最终约束通量上限的是气泡产生带来的不稳定性和反应性损失。当 SUPO 在 5 kW 功率下运行,且堆内没有冷却剂流过主要热交换器时,由于燃料溶液的沸腾,造成的功率振荡达 ±5%,相当于 290 L/min 的气体产生率;而 SUPO II 在 30 kW 的正常运行工况中,气体产生率仅有 13 L/min。

这一系列水溶液堆芯的长期可靠运行,证实了溶液堆能够在较低的功率水平下,提供高强度的中子和 γ 射线。与其他堆型相比,溶液堆具有以下优势:

(1) 大的温度及功率反馈系数使溶液堆固有安全性很高;

(2) 堆芯尺寸小且功率低,却能产生等强中子通量密度;

（3）不需更换乏燃料；

（4）堆芯成本低、结构简单；

（5）能够迅速启动和停堆；

（6）裂变气体能够自动移出堆芯。

最大的缺点就在于其通量受到限制，即使采用了上述最新设计，中子通量达到 10^{13} cm^{-2} · s^{-1} 量级的可能性仍然较小；而其他核实验大多能达到这样的中子通量水平。

4）KEWB 研究堆

康勒迪克试验水锅炉（the Kinetic experiment for water boilers，KEWB）项目[1]是为了扩大对水溶液堆的动态行为的认识，以研究溶液堆动态过程中起决定性作用的参数为目的，分析反应性释放量、初始燃料温度、初始堆芯压强及初始功率水平等参数对堆芯瞬态行为的影响。实验在一个 12.3 in 直径的球形堆芯进行，堆内包含不锈钢冷却盘管，堆外设有 56 in 正方体的石墨反射层；堆内还含有 4 根垂直布置的控制棒（共具有 7％的反应性价值），以及 1 根穿透堆芯中心的水平毒物棒。该反应堆的设计功率为 50 kW，燃料温度为 80 ℃；13.6 L 容量的堆内装载着 11.5 L 的富集硫酸铀酰溶液，在 25 ℃时具有 4％的剩余反应性。

实验测量了在 68 cmHg（1 cmHg≈1 333 Pa）压强下，温度系数在 25～90 ℃ 范围内的变化趋势，随着温度的上升，温度系数也随之增大（绝对值）；当温度超过溶液的沸点时，温度系数迅速上升。测量结果还表明：气泡产生率[L/(kW · h)] 随着压强的增大而减小；在温度 30～90 ℃ 范围内是常数，只在 17.5 ℃时有轻微下降；功率在 0.5～50 kW 范围内变化时，气泡产生率基本不变。相比之下，空泡系数比温度系数小，且堆中心的空泡系数是堆芯边界的 1.4 倍。

KEWB 实验中堆芯的瞬态行为表明：裂解气体对于中子爆炸的自调性的影响在水溶液堆中尤其重要；功率下降过程出现阻尼振荡现象；如果气泡在燃料溶液中均匀分布，或它们的产生是瞬时的，气泡使停堆的潜在可能性更大。

5）HRE－1 堆

橡树岭国家实验室 1950 年承担了试点电站流体燃料反应堆的设计、建造和运行任务，开发了实验均匀反应堆（the homogeneous reactor experiment，HRE－1）[1]。此堆的用途是研究循环铀溶液反应堆在足够高的温度和功率下的核特性和化学特性，以便利用释放的热能发电。具体而言，该堆设计成在运行时进行 60 万～350 万 Btu/h(200～1 000 kW 热功率)的全功率放热,燃料溶液最高温度为 250 ℃,在热交换后产生约 200 psi(1 psi≈6 895 Pa)的饱和蒸汽压力。其设施如图 4-1 所示。

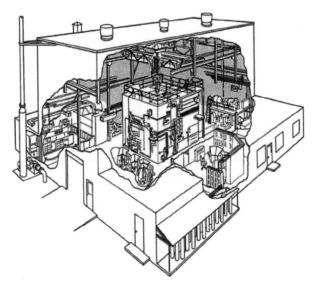

图 4-1　HRE-1 试验设施示意图

该堆自 1952 年 4 月投运起的 24 个月运行期内,液体循环时间共约 4 500 h。该堆共计 1 950 h 处于临界状态,有 720 h 的运行功率高于 100 kW。该反应堆获得的最大功率为 1 600 kW,表 4-1 汇总了 HRE-1 的特性。该堆成功示范了循环燃料反应堆的核稳定性,于 1954 年春季停运,拆除后为试验性均匀反应堆(HRE-2)腾出空间。

表 4-1　HRE-1 的特性

项　目	内　容
热功率	1 000 kW
燃料	UO_2SO_4(93％丰度)的 H_2O 溶液
燃料浓度	U^{235} 约 30 g /L(0.17 m UO_2SO_4)
堆芯^{235}U	1.5～2 kg

项　目	内　容
堆芯	18 in 直径不锈钢
压力容器	39 in 内径、3 in 厚的锻钢
反射层	10 in D_2O，以氦加压
单位功率	20 kW/L
燃料入口温度	210 ℃
燃料出口温度	250 ℃
系统压力	1 000 psi（比蒸汽压力高 430 psi）
气体排出系统	经过堆芯的涡流流量
辐解气体复合	$CuSO_4$（内部）；火焰式复合、催化复合（外部）
控制系统	反射层液位、安全板、温度控制
屏蔽层	7 ft 重晶石混凝土
蒸汽温度	194 ℃
蒸汽压力	200 psi
电容	140 kW

6）HRE-2 堆

试验性均匀反应堆（the homogeneous reactor test，HRE-2）[1] 目标如下：① 验证中型均匀反应堆运行时具备动力装置所需的连续性；② 确定适用于大型动力装置的工程材料及部件的可靠性；③ 对可使设备简化且经济的设备改造项目进行评估；④ 对简化维护程序进行测试，特别是水下维护；⑤ 开发并测试连续去除裂变和腐蚀污染物的方法。

反应堆的设计数据如表 4-2 所示，这些设计数据早在 1954 年就已选定，目的是充分利用化学、材料和部件研发方面的进展，以及 HRE-1 的使用经验。为实现对大型电站工程可行性进行重大试验的目标，有必要增大反应堆及其辅助设备的物理尺寸，使其明显超过 HRE-1 的物理尺寸。为了将实验成本控制在合理范围内,决定限制功率输出,从而减少排热设备成本,并将反应堆安装在曾经安置过 HRE-1 的建筑物内,允许大量使用已有的现场设施。反应堆堆芯尺寸代表以下 2 个目标之间的折中:一是实现大型装置经济运行所需的高比功率,二是对锆合金堆芯容器的制造和耐久性的评估。因此,功率输出设置为 5 000 kW(热量),最大可能为 10 000 kW,堆芯直径为 32 in。尽管这些因素共同导致 5 000 kW 时堆芯的比功率低至 17 kW/L,但视为可接受,因为在 30 kW/L 的相对较高比功率下的可操作性,已经在 HRE-1 中得到验证。HRE-1 中的燃料温度从 250 ℃ 上升到 300 ℃,其原因是不锈钢和锆合金-2 在较高温度下对稀硫酸铀酰的耐腐蚀性较好,且热效率也有可能提高。对于稀释程度较高的燃料,双液相区出现时的温度也较高,从而使燃料温度升高。

表 4-2 HRE-2 主要设计数据

项 目	内 容
热功率	5 000 kW
堆芯出口温度	300 ℃
压力	超过蒸汽压 750 psi 最大总压力 2 000 psi
影响堆芯	32 in
堆芯溶液	$D_2O(U^{235}$ 约 10 g /L)中的 UO_2SO_4
再生区	直通式
燃料循环率	D_2O
堆芯结构材料	锆合金-2
系统结构材料	347 型不锈钢
放射性气体去除	外部管道分离器
放射性气体复合	低压系统:镀铂氧化铝催化剂 高压系统:溶液中的 $CuSO_4$
裂变产物气体处置控制	活性炭衰变

（续表）

项　目	内　容
正常	可变溶液浓度
安全	温度系数

7）SHEBA 实验系列反应堆[2]

溶液高能爆炸单元（solution high energy burst assembly，SHEBA）实验系列包括 SHEBA（1980 年）和 SHEBA - Ⅱ（1993 年），SHEBA - Ⅱ 和 SHEBA 使用同样的燃料溶液，添加了燃料泵和屏蔽阱。实验的主要目的如下：研究低富集度燃料溶液的瞬态行为，评估核燃料循环装置的事故报警探测器的性能，对低富集度燃料溶液系统的辐射射线谱和剂量测量进行基准测量，以及为个人受到的辐射剂量进行标定。SHEBA 实验使用 5% 富集度的氟化铀酰溶液作为燃料，堆芯为环形不锈钢，外径和内径分别为 24.447 5 cm 和 3.175 cm；堆中心设置了 1 根套管，其中的碳化硼吸收体承担了安全保护和爆炸事故引入的双重任务；通过调整燃料的高度来控制 SHEBA 堆芯的反应性；SHEBA 堆芯可以在裸堆和混凝土屏蔽（同时充当反射层）两种情况下运行。在 SHEBA 实验装置上，分别进行了自由循环实验和稳态实验。

在自由循环中，向组件内逐步引入越来越小的反应堆周期（1～83 s），在不采取任何控制措施的情况下任堆芯自身进行反应性调节，观察功率、燃料高度、温度及气泡行为随时间的变化。实验结果显示：在周期约 40 s 的循环中，裂变总数达到 3×10^{15} 时开始有辐照裂解气体产生。随着反应堆周期的减小，气泡效应急剧增加；小的反应堆周期会造成多个功率峰的出现。引入的反应性越大，裂变总数和达到的功率峰值越大。

在稳态实验中，观测了不同功率水平下 SHEBA 的主要特性。组件在电流为 8.3×10^{-6} A、功率约为 640 W 水平下运行，当裂变总数达到 8×10^{16} 时，开始产生辐照裂解气体；与自由循环相比，稳态过程出现裂解气体更晚。在此稳定运行状态的基础上，提升电流至 10^{-4} A 量级，由于裂解气体的产生，功率发生了振荡并最终停留在较低的水平。SHEBA 实验还使用不同体积的铝质"空泡"作为代替品，测量了这些"空泡"处于组件内不同位置时对反应性的影响，并与 MCNP 和 3DANT 的计算结果做了比较。实验结果显示，"空泡"体积越大，所处位置越靠近中心，带来的负反应性越大。3DANT 程序与测量结果较符合。

除了以上实验现象外,SHEBA 实验还测量了温度系数、反应性和反应堆周期随燃料高度的变化、瞬发中子衰变系数 α、功率、通量分布和中子能谱。

8) MIPS 和 SHINE

1993 年 Chopelas A. P. 和 Ball R. M. 提出将溶液堆用于专门生产医用放射性核素的 200 kW 溶液型医用同位素生产堆(medical isotope production reactor,MIPR)概念。美国 B&W 公司于 1997 年启动开发采用 LEU 的 UO_2 $(NO_3)_2$ 溶液的 200 kW 医用同位素生产堆(医用同位素生产系统,MIPS[3])项目,并与阿贡实验室等合作开展了大量研究。2010 年 6 月完成 MIPS 概念设计,并向美国核管会(NRC)提交在 2011 年建设 MIPS 的许可申请。其主要设计参数如下:热功率为 200 kW,中子注量率约为 10^{12} $cm^{-2} \cdot s^{-1}$,功率密度为 1.54 kW/L,系统压力为微负压,燃料采用 $^{235}U - UO_2(NO_3)_2 - HNO_3$ 溶液,燃料溶液体积约为 130 L,运行温度约为 80 ℃,燃料溶液酸度(pH 值)约为 1.0。计划建造 4 座 200 kW 的 MIPS,单堆产能为每周 1 100 Ci(6 天刻度)^{99}Mo。

2022 年,美国核管会审评通过了 SHINE[4]公司研发的加速器驱动的次临界溶液型反应装置,并给出了审评结论。该装置以硫酸铀酰为原料,采用加速器驱动次临界的反应性容器诱发 ^{235}U 裂变,初期仅考虑提取放射性同位素 ^{99}Mo,后期再增加其他核素的提取。整个设施共设置有 8 个单元,每个单元核功率为 125 kW,通过循环开启每个单元,实现设施的循环利用和同位素提取。由于核化工领域同位素提取均在硝酸环境下完成,而该设施采用硫酸铀酰为原料,在同位素提取过程中,需要完成原料体系由硫酸体系和硝酸体系的循环转换,给运行带来一定的难度,也增加了整个核设施运行过程中的综合废物产生量。

4.1.2　俄罗斯概况

位于库尔恰托夫研究院(Kurchatov Institute)的均匀水溶液堆 ARGUS[5]自 1981 年运行至今,是世界上唯一一座以液体作为燃料并稳定运行的反应堆。ARGUS 反应堆额定功率为 20 kW,其研究目的之一是生产医用同位素 ^{99}Mo。ARGUS 以硫酸铀酰溶液作为燃料,堆芯内布置了垂直的控制棒机构以及盘旋式的散热管。堆芯侧面、顶部和底部设有 1 300 mm×1 500 mm× 1 100 mm 的石墨反射层。针对堆芯运行过程中产生的气体,ARGUS 设置了气体催化复合系统和冷凝系统。

在 ARGUS 的燃料溶液中,提取到了符合美国食品和药物管理纯度要求的^{99}Mo,且处理过程相对简单,经济性高,无靶件操作使放射性废物产量变少,并对 HEU 和 LEU 燃料都适用。ARGUS 的成功运行经验表明:从溶液堆的燃料和气体介质中,能够有效提取高产量的医用同位素;实现了 ARGUS 反应堆与医用同位素生产系统的配合运行,为建造更高功率的医用同位素溶液堆系统打下了基础;与传统生产技术相比,溶液堆的主要优势在于铀燃料的100%利用率及其带来的经济性,进而对应更低的堆芯功率、放射性废物和辐射剂量。

4.1.3　日本概况

1) STACY

为了分析 LWR 堆燃料后处理过程中低富集度硝酸铀酰溶液的临界性质,从 1995 年起,日本原子能研究所(JAERI)在静态临界实验装置 STACY[6] 上开始了一系列系统的高精度临界实验。实验采用^{235}U 富集度为 10%的硝酸铀酰溶液作为燃料,分别对不同几何形状的堆芯(600 mm、800 mm 直径的圆柱形堆芯和 28 cm 厚的板状堆芯)进行临界基准实验,测量不同铀浓度下堆芯的临界溶液高度。

2) TRACY

为了评估核燃料回收设施中易裂变溶液的临界安全性能,JAERI 在转移试验临界设施(transient experiment criticality facility, TRACY)[7]装置上进行了一系列临界安全事故的模拟,详细预测了临界安全事故中溶液型燃料反应堆内的中子行为。TRACY 装置使用 10% ^{235}U 富集度的硝酸铀酰溶液作为燃料,是一个内径为 76 mm、外径为 500 mm、高为 2 000 mm 的环状堆芯,使用 2 根价值不同的控制棒。实验时,通过抽出控制棒或向堆内持续添加燃料溶液,向堆内引入不同的反应性,并测量瞬态过程中堆芯功率和燃料温度的变化。

溶液堆在事故过程中的瞬态行为与稳态运行实验数据一起,为溶液堆物理性能及运行提供了重要的参考和指导。这对医用同位素生产溶液堆的研究,以及相关计算手段的开发或计算都具有重要意义。

4.1.4　法国概况

1967 年,隶属于法国原子能机构的沃尔达克临界实验室（Valduc Criticality Laboratory)开始了对使用硝酸铀酰燃料溶液的溶液堆临界安全问题研究,并先后在 CRAC(1967—1972 年)和 SILENE 反应堆(1972 年至今)上进行了一系列实验[8-9]。CRAC 和 SILENE 实验的燃料溶液由高富集铀构成,主要目的是观察易裂变液体发生临界安全事故后的现象及其放射性后果。临界安全事故主要通过添加燃料溶液或弹棒两种方式完成,实验分别测量了不同铀浓度(每升溶液中的铀含量,g/L)下,引入不同的反应性或以不同的速度引入反应性时,堆芯的瞬态行为(主要指裂变反应率即功率的变化)。

CRAC 和 SILENE 系列实验,得到了溶液堆瞬态行为的一些特征。

(1) 事故发生 1 s 的时间内,功率会出现一个较大的峰值;在此过程中没有观察到明显的压强上升;如果瞬态过程很快,能量和气泡的积累可能造成燃料喷出及容器的机械性损毁。

(2) 若引入反应性高达数个 $,且瞬态过程在没有强制性冷却系统的情况下持续几分钟,燃料溶液的温度将在裂变率达到约 1.1×10^{16}/L 时达到沸点(约 102 ℃)。

(3) 瞬态过程中单次裂变气泡产生率约等于 1.1×10^{-13} cm^3,或 110 L/10^{18};每次裂变气泡出现的阈值约等于 1.5×10^{15}/L。

4.2 国内发展概况

中国核动力研究设计院于 1997 年立项研究医用同位素生产堆(medical isotopes production reactor,MIPR[10]),该堆为溶液型反应堆,先后开展方案论证、可行性研究、深化设计、科研攻关、工程立项、初步设计、施工设计等工作,已获得多项国家发明专利。主要进展如下。

2001 年,完成 MIPR 初步设计,MIPR 重要参数基本确定。

2005 年,原国防科工委批复《医用同位素生产堆技术研究开发》可行性研究报告。中国核动力研究设计院据此启动相关研究工作,主要包括:MIPR 和放射性核素生产设施设计方案的优化和固化;关键技术攻关和科研验证试验;以工程为背景的 MIPR 设计深化等。

2005 年,完成 1∶1 热工台架验证试验。

2007 年,经过精心组织,在苏州热工研究院的协助审查下,共计完成《医用同位素生产堆(MIPR)安全设计准则》等 18 份准则报批稿上报。

2008 年,完成 MIPR 零功率物理试验,获得了关键试验数据。

2009 年,MIPR 项目研究工作通过验收。验收结论为:"该项目在完成设计优化和关键技术攻关的基础上,完成了以工程应用为背景的深化设计工作,为工程应用奠定了重要的技术基础。"

2021年,同位素生产试验堆建设项目获科工局核准立项,现阶段正在开展试验堆工程设计与建造相关工作。

2024年1月,同位素生产试验堆建设顺利浇铸第一罐混凝土。

4.3 溶液堆燃料体系

溶液堆是伴随着铀核裂变的反应体系而提出来的一种均相反应堆,它使用的核燃料不是现在广泛使用的棒状、球状等固态元件,而是易裂变物质如铀的均相水溶液,故称为均相水溶液堆。自1944年美国洛斯阿拉莫斯国家实验室建成世界上第一座水溶液均相反应堆LOPO堆以来,各国在溶液堆的研究中曾使用硝酸铀酰、硫酸铀酰、氟化铀酰、磷酸铀酰等铀溶液作为核燃料,其中使用较多的为硝酸铀酰和硫酸铀酰体系。

1) 硝酸盐溶液燃料

20世纪40年代美国洛斯阿拉莫斯国家实验室建造的HYPO堆和SUPO堆采用的是硝酸铀酰体系,其原因是当时尚未研究出硫酸盐体系中裂变产物的去除方法而只能采用硝酸体系。早期溶液堆主要使用高浓铀,这可以降低溶液中铀浓度和硝酸根浓度,减少硝酸的分解。随着《不扩散核武器条约》缔约国的增多与和平利用核能要求的不断深化,医用同位素生产采用低浓铀已成为国际共识。中国核动力研究设计院设计的医用同位素生产堆采用低浓铀的硝酸铀酰体系,初始铀富集度为19.75%,铀浓度约为230 g/L,自由硝酸浓度为0.1~0.3 mol/L。首先,采用硝酸铀酰体系的优点是提取医用同位素^{99}Mo和^{131}I的技术相对简便,提取效率高,分离提取技术与目前固体靶件法制备^{99}Mo有相似之处;其次,硝酸与各种金属元素的相容性好,裂变元素不易生成沉淀,反应堆不会产生结垢,有利于热量的传导;同时,溶液堆运行一段时间后,需对料液进行纯化以去除其中的裂变产物,纯化技术也相对容易实现。缺点是硝酸在辐照条件下会分解生成氮氧化合物气体,运行过程中需要不断补酸,废气处理比较麻烦。

2) 硫酸盐溶液燃料

世界上首座溶液堆(LOPO堆)采用的是硫酸铀酰体系。已建成的溶液堆采用硫酸铀酰体系的最多,如早期美国橡树岭国家实验室建造的HRE-1、

HRE‐2、HRE‐3 堆，俄罗斯建造的 ARGUS 堆等。首先，相比于硝酸铀酰体系，采用硫酸铀酰体系的溶液堆的优点是硫酸的耐辐照性能比硝酸好得多，硫酸根对辐射非常稳定，在溶液堆运行时不需要补酸操作，产生的辐射分解废气少，废气处理简单；其次，由于硫的中子吸收截面比氮小，采用硫酸铀酰体系的中子利用率比硝酸铀酰体系高。缺点一是提取 ^{99}Mo 和 ^{131}I 的技术相对复杂，技术不够成熟；二是锕系元素钚和锶、钡等裂变产物在硫酸中的溶解度小，易生成难溶硫酸盐，影响溶液堆运行及安全；三是硫酸溶液对不锈钢设备的腐蚀性比硝酸强，这也会影响反应堆的安全和使用寿命。

参考文献

[1]　Lane J A，MacPherson H G，Maslan F. Fluid fuel reactors[M]. Reading：Addison-Wesley Publishing Company，1958.

[2]　Cappicllo C C，Butterfield K B，Sanchez R G，et al. Solution high-energy burst assembly（SHEBA）results from subprompt critical experiments with uranyl fluoride fuel[R]. Los Alamos：Los Alamos National Laboratory，1997.

[3]　Ball R M. Use of LEU in the aqueous homogeneous medical isotope production reactor[C]//Proceedings of the 1994 International Meeting on Reduced Enrichment for Research and Test Reactors，September 18‐23，1994，Williamsburg，Virginia. Argonne：Argonne National Lab，1997：118‐123.

[4]　Balazik M. Safety evaluation report，related to the SHINE medical technologies[R]. Washington：Nuclear Regulatory Commission Office of Nuclear Reactor Regulation，2023.

[5]　Palvanov V. ARGUS-the reactor for the laboratory of nuclear physical methods of analysis and control[R]. Moscow：Russian research center-Kurchatov Institute，1998.

[6]　Miyoshi Y，Yamamoto T，Tonoike K，et al. Critical experiments on STACY homogeneous core containing 10% enriched uranyl nitrate solution[C]//Proceedings of the Seventh International Conference on Nuclear Criticality Safety，October 20‐24，2003. Ibaraki：Japan Atomic Energy Research Institute，2003：154‐159.

[7]　Nakajima Ken. Nuclear characteristics evaluation for a supercritical experiment facility using low enriched uranium solution fuel，TRACY[R]. Seoul Korea：Physics of Reactors，2002.

[8]　Barbry F. French CEA experience on homogeneous aqueous solution nuclear reactors [R]. Vienna：International Atomic Energy Agency，2008.

[9]　Barbry F. Criticality accident studies and research performed in the valduc criticality laboratory[R]. Vienna：International Atomic Energy Agency，2008.

[10]　宋丹戎，聂华刚. MIPR 初步设计总说明书[R]. 成都：中国核动力研究设计院，2008.

第 5 章
试验堆及主要系统

同位素生产试验堆(简称"试验堆")是以硝酸铀酰水溶液作为燃料的均匀性溶液型反应堆,其主要功能为通过正常运行的裂变反应,为同位素提取提供有用的裂变同位素,替代常规的靶件入堆辐照方法产生目标同位素。

5.1 概述

同位素生产试验堆^{235}U 总装量约为 5.74 kg,铀浓度约为 230 g/L,燃料溶液的有效体积约为 126.4 L,试验堆设计运行额定功率为 200 kW。

试验堆及主要系统由反应堆本体、一次冷却水系统、二次冷却水系统、气体复合系统、池水净化和冷却系统、紧急排料停堆系统、补酸系统、氮气吹扫系统、燃料溶液转移和暂存系统等构成,如图 5-1 所示。

反应堆容器安置在堆水池中央,容器底距池底面约 1.5 m,由吊挂式反应堆支承部件予以支撑。池外有厚混凝土防护层,内衬不锈钢覆面。反应堆容器为圆筒形密封容器,下部内装硝酸铀酰水溶液,上部为氮气腔,由进出气管与气体复合系统相连。在反应堆容器的上部还有冷却水进管和冷却水出管,与堆外一次冷却水系统相连。在反应堆容器的上部以焊接方式装有 3 根控制棒导管,控制棒在导管内上下移动。在反应堆容器的下部装有料液输送管,与料液输送系统相连。反应堆堆水池内还布置有控制棒储存架等池内构件及测量和控制仪表。反应堆主要设计参数如表 5-1 所示。

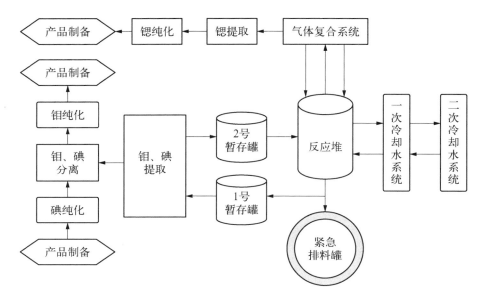

图 5 - 1　反应堆及同位素提取系统流程简图

表 5 - 1　反应堆主要参数

类　别	参数值及单位
总体	均匀性溶液型反应堆
	200 kW
	硝酸铀酰水溶液[$UO_2(NO_3)_2$]
	1 座
	48 小时/次,200 d/a
	50 a
核参数	^{235}U 富集度为 19.75%
	^{235}U 总装量约为 5.74 kg
	铀浓度约为 230 g/L

（续表）

类　别	参数值及单位
热工参数	一次冷却水流量为 7.2 t/h
	反应堆冷却能力为 200 kW
	燃料溶液温度小于 80 ℃
堆结构参数	反应堆容器直径约 780 mm，不锈钢
	传热管总长约 220 m，ϕ 8 mm×1.5 mm 的不锈钢管
	堆水池尺寸长×宽×高，3 000 mm×3 000 mm×6 000 mm
控制棒	3 根
	碳化硼，吸收体长为 450 mm
	电机-电磁驱动

5.2　反应堆本体

反应堆本体由反应堆容器及其支撑、燃料溶液、控制棒、中子源、控制棒驱动机构、堆内构件、冷却剂盘管等构成，反应堆结构如图 5-2 所示。

5.2.1　反应堆容器及支承

同位素生产试验堆中的反应堆容器属核安全有关级，质保等级 2 级、抗震 Ⅰ类设备，是该试验堆的核心设备，放置在反应堆水池的下部中央，通过连接螺栓与安装在反应堆水池内的反应堆支承部件连接，由此与堆水池固定。反应堆容器为由法兰螺栓连接的可开盖式结构，主要由顶盖组件、筒体组件及紧固密封组件 3 个部分组成，为反应堆容器的内部构件在役检修提供可达性通道。

顶盖组件承压壳体为 1 个带法兰的整体碟形结构件，整体顶盖法兰端均匀布置主螺栓通孔，球冠区焊接有 3 根控制棒导向管、气体进出口接管等。筒

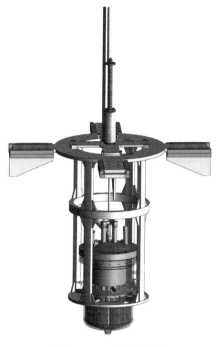

图 5-2 反应堆结构

体组件承压壳体为 1 个"筒体法兰＋堆芯筒体＋底封头"三合一的整体筒体。整体筒体法兰端均匀布置主螺纹孔,筒体段焊接一次冷却水进口接管及出口接管、料液回流管、冷却盘管支承块、反应堆支承块;底封头区焊接有 3 根控制导管限位套管。紧固密封组件由主螺栓、主螺母、球面垫圈、密封圈等组成。紧固密封组件将顶盖组件和筒体组件连接在一起,构成反应堆压力边界。密封圈置于筒体法兰和顶盖法兰密封面之间,保证顶盖法兰和筒体法兰之间的密封性。

反应堆支承部件属核安全有关级,质保等级 2 级、抗震 I 类设备,用于支承反应堆容器。反应堆支承部件位于反应堆水池的上部中央,通过支撑臂与水池预埋件的螺栓连接吊挂于反应堆水池内。反应堆支承部件由上法兰、肋板、筒体、下法兰等组成,由焊接方式连成一个整体,材料均为 0Cr18Ni10Ti。

5.2.2 燃料溶液

试验堆采用硝酸铀酰水溶液作为燃料。^{235}U 的富集度为 19.75%,铀的初始浓度暂定为 230 g/L,燃料溶液的有效体积约为 126.4 L,反应堆额定功率为 200 kW。在反应堆运行过程中,硝酸铀酰水溶液中有部分水分解成氢和氧,并有少量的硝酸根分解成氧化氮和氮,由气体复合系统带走进行处理,氢和氧在催化剂的作用下合成水又返回堆芯。氧化氮遇水形成硝酸与复合水一起返回堆芯。氮气会不断积累,因此需要排气。排出气体含有氪、氙等元素的放射性同位素,因此气体不能直接通过烟囱排出,需经吸附去除氪、氙等元素的放射性同位素或经过储存衰变后才能排放。由于硝酸根分解氮气使硝酸根减少,因此必须补充硝酸溶液,保持一定的酸度以防止过氧化铀析出,保证运行中燃料的化学稳定性。

5.2.3　控制棒

试验堆的控制棒通过强中子吸收体吸收中子,以调控活性区的中子注量率,从而实现堆的启动、停止和功率调节。试验堆控制棒由上端塞、连接管、变径接头、B_4C 芯块、包壳管、下端塞构成。控制棒包壳管内径为 48 mm,外径为 51 mm。控制棒吸收体材料为 B_4C,吸收体直径约为 47.6 mm,吸收体段长度约为 450 mm。控制棒下端带锥形导向结构,在控制棒下落时起导向作用,并减小流体阻力。控制棒单棒通过连接管、上端塞与连接柄相连,多根控制棒单棒通过连接柄组装成一个整体。控制棒组件通过结构设计,充分利用试验堆容器内溶液上方的设备空间,增加控制棒的柔性,以减少控制棒卡滞的风险。控制棒位于控制棒导向管内的水介质中,由 1 台控制棒驱动机构带动整组控制棒组件上的多根控制棒同时在控制棒导向管内上下运动,从而控制反应堆的反应性。

5.2.4　中子源

中子源元件的功能是提高堆芯中子注量率至一定水平,以使在反应堆启动过程中,实现对堆内中子注量率(功率水平)的连续监测,从而保证反应堆的启动安全。试验堆选用 Am - Be 中子源,为了避免安装人员受到不必要的辐射,中子源元件由一个吊装接头、加长距离用的接管和一根中子源棒组成,总长约 3 m。中子源棒由不锈钢包壳和不锈钢上、下端塞封焊而成,其内置中子源芯体。中子源棒外径为 38 mm,中子源芯体外形尺寸为 ϕ 30 mm×60 mm,中子源源强为 $2.0 \times 10^7/s$。中子源元件的吊装接头内部开有阶梯孔,用于与吊装接头快速拆装。接头外部布置有固定销,与吊装工具和布置在反应堆支承上的中子源元件安装压紧套筒相配,中子源元件安装在堆池复面内并随堆运行,试验堆使用 1 根中子源元件。

5.2.5　控制棒驱动机构

控制棒驱动机构选用直线电机型控制棒驱动机构,主要由定子、动子、行程套管、棒位探测器等部件组成。最大外径约为 300 mm。

试验堆共设置一台控制棒驱动机构,安装在水池内部支承板上方,采用螺栓连接。控制棒驱动机构动子部件与控制棒组件通过螺纹连接,定子部件处于堆水池内,经水池内的水自然冷却以带走电机产生的部分热量。定子部件由定子绕组、定子内套和机座等零部件组成。动子部件由带有环形齿的动子杆、连接杆、滚轮等零件组成。行程套管部件下端通过法兰与定子部件连接,上端设有安装棒位探测器部件的限位孔。棒位探测器部件紧靠行程套管部件外壁,由波导丝、移动磁块、电连接器等组成,移动磁块安装在动子上端,通过测量移动磁块的位置得到实际棒位。当低频电源供给交流电时,定子线圈产生的行波磁场与永磁体建立的空间磁场相互作用产生直线驱动电磁力,通过动子部件提升或下插控制棒组件,以完成反应堆启动或功率调节。当反应堆需要落棒停堆时,切断驱动机构定子部件电源,定子部件所产生的磁场消失,动子部件和控制棒组件在自重的作用下迅速插入堆芯,实现停堆操作。驱动机构运行时,利用棒位探测器提供控制棒在堆芯实际位置的信号。

5.2.6 堆内构件

堆内构件是反应堆的关键部件,位于反应堆容器内,包括导流罩和除滴器组件。导流罩主要由上部导向罩和下部导向罩焊接而成,焊接在反应堆容器顶盖上封头的内表面上,圆台形的上部导向罩和圆柱形的下部导向罩彼此对接焊牢。除滴器组件由围板组件、双钩形波形板、积液槽、汇液盘和回液管等组成。围板组件与导流罩通过焊接固定,并为波形板提供支承、定位和导流通道;双钩形波形板的主要作用为滤除从反应堆容器内产生的由气体所夹带的液滴及燃料溶液蒸发产生的水汽;积液槽、汇液盘和回液管位于波形板下方,共同用于回收波形板所滤除的液滴,并将其重新导入反应堆溶液中。

5.2.7 冷却剂盘管

传热管束为回旋形冷却盘管,共有 20 组,布置于内径为 700 mm 的碟底形状的反应堆容器内。传热管束浸泡在反应堆容器内的硝酸铀酰溶液中,反应堆通过传热管束内强迫流动的冷却水带出热量。每组冷却盘管间夹角为 18°,在反应堆容器内呈放射形布置(见图 5-3 中的传热管束结构)。

传热管束用 $\phi 8$ mm $\times 1.5$ mm 不锈钢管绕制而成,最大高度为 450 mm,最小高度为 366 mm,最大弯曲半径为 25.6 mm,最小弯曲半径为 12.7 mm。

传热管束由支承于反应堆容器的上部内、外环形 $\phi 48$ mm $\times 4$ mm 不锈钢集流管,通过大、小头对接。管内冷却水由此进、出堆芯。传热管束所有焊缝位于硝酸铀酰溶液液面以上。

图 5-3　传热管束结构图

5.3　堆芯核设计

堆芯核设计使用专用计算程序 FMCAHR[1] 进行。FMCAHR 程序由中国核动力研究设计院自主研发,在计算中充分考虑了溶液堆的物理特性,其主要模块包括中子输运模块、共振处理模块、热工水力计算模块、燃耗计算模块及辐解气泡生成和输运模块。

针对溶液堆尺寸小、结构复杂、无重复性简单几何构造的特征,FMCAHR 程序基于蒙特卡罗方法,采用一步法的计算思想直接对堆芯进行计算。程序使用基于 Jeff3.1 评价库制作的多群截面库,采用中间共振(IR)近似理论计算均匀介质共振截面。程序使用多群蒙特卡罗模型开展输运计算,包含重要核素的燃耗链相关信息,能够构造燃耗方程组进行燃耗计算。程序包含 MITHA 热工水力计算模型,通过计算功率、温度变化对燃料体积、材料截面和密度的影响以考虑其反馈效应。考虑到溶液堆运行时,裂变反应产生的高能碎片与溶液中的水分子碰撞使之分解产生 H_2 和 O_2,硝酸根离子受到辐照时,还会产生 N_2 和 NO_x 气体,辐照分解气体在燃料溶液中达到饱和浓度后就会形成气泡。FMCAHR 程序引入稳态气泡模型,通过计算气泡体积含量及其在堆内的分布,考虑气泡对燃料体积和密度的影响及其反应性负反馈效应。

5.3.1 设计准则

参照 HAF201—1995《研究堆设计安全规定》的第 4.2 节"纵深防御要求"和 HAF202—1995《研究堆运行安全规定》,溶液堆堆芯核设计的依据和设计准则包括以下几个方面。

(1)反应堆初始燃料装载量应提供适宜的后备反应性。

(2)控制棒必须具有调节功率的能力和补偿反应性变化的能力,以保持反应堆在规定的限值范围内运行。

(3)控制棒全部插入堆芯时,堆芯可维持于次临界状态。

(4)在各种功率水平下运行时,温度系数应保持负值,使堆芯反应性具有负反馈特性。

5.3.2 堆芯方案

中国核动力研究设计院设计的同位素试验堆,因其使用液态核燃料、燃料装卸方便、燃料循环长度很短,故设计时堆芯只需装载很小的后备反应性,保证在满功率运行条件下,考虑氙钐等产物存在、温度及气泡反馈效应后,在 2 个等效满功率天(EFPD)的单个燃料循环内维持临界即可。每个燃料循环结束后燃料溶液将卸出堆芯进行同位素提取,再次装料前,需补充少量的燃料溶液以抵消燃料的损耗。出于燃料高效率应用和净化等目的,设置了周期性燃料回收和燃料纯化:每 40 个 EFPD 进行 1 次燃料回收,将同位素提取系统中损耗的铀燃料收回燃料循环;每 100 个 EFPD 进行 1 次燃料纯化,去除燃料溶液中对反应性不利的裂变产物。同位素生产试验堆每年运行 100 个循环(共计 200 个 EFPD)。简化的堆芯如图 5-4 所示。

表 5-2 列出了同位素生产试验堆第 1 年内 4 个典型燃料循环的堆芯主要物理参数。表 5-3 则给出了这些典型燃料循环在冷态零功率状态下的停堆深度计算结果。

表 5-4 给出了典型燃料循环、典型运行工况(硝酸浓度为 0.2 mol/L,运行压力为 0.1 MPa)下,堆芯在热态满功率状态下的燃料溶液体积、液面高度、临界棒位等参数。

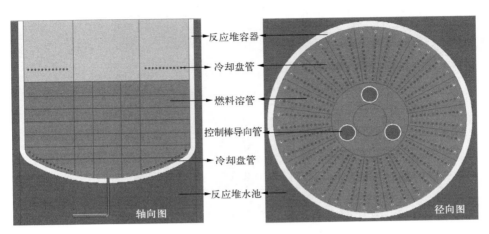

图 5 - 4　堆芯示意图

表 5 - 2　典型循环堆芯装载主要物理参数

循环次数	燃耗深度/EFPD	铀浓度/(g/L)	^{235}U 富集度/%	冷态体积/L	铀装量/kg	^{235}U 装量/kg
1	0	230.0	19.75	126.4	29.07	5.74
50	98	229.6	19.69	126.4	29.02	5.71
51	100	230.0	19.69	127.2	29.26	5.76
100	198	229.6	19.63	127.2	29.21	5.73

表 5 - 3　不同燃料循环堆芯冷态零功率状态下冷停堆深度

循环次数	硝酸浓度/(mol/L)	液面高度/mm	冷态体积/L	冷停堆深度[①]/pcm
1	0.2	415	126.4	1 471
50	0.2	415	126.4	1 853
51	0.2	418	127.2	1 541
100	0.2	418	127.2	1 831

注：① 冷停堆深度是指反应堆启堆前控制棒带来的负反应性,单位用"pcm"表示。

表 5-4　不同燃料循环堆芯热态满功率状态下典型工况计算结果

燃料循环次数	液面高度/mm	燃料溶液体积/L	堆芯气泡份额/%	临界棒位/mm
1	429	131.3	2.84	317
50	429	131.3	2.80	353
51	432	132.1	2.79	326
100	432	132.1	2.76	356

溶液堆堆芯功率分布和气泡份额分布相互影响,同时受运行压力、硝酸浓度的影响。堆芯气泡产生量与其功率直接相关,功率越高则堆芯内平均气泡份额越大。对应 5.3.3 节中给出的第 1 年内各种热态满功率运行工况,代表性的功率分布及气泡份额分布分别列于图 5-5 及图 5-6(第 1 个循环热态满功率时刻)中。在各种燃耗时刻、运行功率水平、硝酸浓度及运行压力下,虽然绝对值会有一定差异,但是堆芯功率分布及气泡份额分布的图像形状是较为相近的。

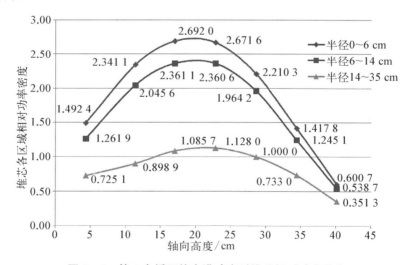

图 5-5　第 1 个循环热态满功率时堆芯相对功率分布

注:图例中的半径是指所在位置与堆芯中心轴之间的距离。

在同位素生产试验堆中,均匀混合的硝酸铀酰溶液既是燃料又是慢化剂。温度变化时,反应性系数受溶液密度变化、体积变化、核素截面变化的共同影

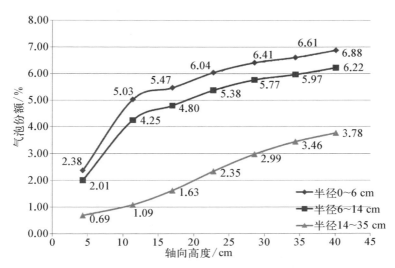

图 5-6　第 1 个循环热态满功率时堆芯内气泡份额分布

注：图例中的半径是指所在位置与堆芯中心轴之间的距离。

响。溶液温度系数定义为堆芯燃料溶液温度每变化 1℃时,由密度变化和多普勒效应等共同引起的反应性变化。第 1 年内 4 个典型燃料循环、典型运行工况(硝酸浓度为 0.2 mol/L,运行压力为 0.1 MPa)下溶液温度系数如表 5-5 所示。

表 5-5　不同燃耗时刻典型工况下的溶液温度系数

燃料循环次数	温度系数/(pcm/℃)
1	−33.0
50	−32.3
51	−31.2
100	−30.9

反应性气泡系数常规定义为气泡体积份额每变化 1% 所贡献的反应性变化。第 1 个循环典型运行工况(硝酸浓度为 0.2 mol/L,运行压力为 0.1 MPa)下的气泡系数如表 5-6 所示。

表 5-6　第 1 个循环典型工况下不同气泡份额的气泡系数

气泡份额/%	气泡系数/[pcm/(1%气泡份额)]
0.5	−331
1.0	−341
1.5	−344
2.0	−352
2.5	−354
3.0	−345
3.5	−347
4.0	−379
4.5	−401

试验堆堆芯反应性主要通过控制棒系统和紧急排料系统进行控制。

1) 控制棒系统

同位素生产试验堆堆芯正常运行时,依靠控制棒组调节功率,补偿各类反应性变化,并执行启停堆功能。从表 5-3 中可以看出,第 1 年内典型燃料循环在冷态零功率状态下的冷停堆深度范围为 1 471~1 853 pcm。

2) 紧急排料系统

同位素生产试验堆设置紧急排料系统,该系统主要由 1 个紧急排料储存罐和电磁阀、管道等组成。在事故工况下,该系统通过将堆芯燃料溶液导出至紧急排料储存罐中,确保反应堆停堆且保持停堆状态。紧急排料储存罐用于紧急停堆后堆芯燃料的暂时存放。第 1 个循环热态满功率状态下排液过程反应性变化趋势如图 5-7 所示,随着燃料溶液的排出,堆芯会快速达到次临界状态而完成停堆。

5.3.3　热态满功率计算

反应性系数与反应堆的安全有着密切的关系。在反应堆正常运行工况及事故瞬态下,反应性系数起着反应性随外界条件和反应堆状态变化的动态反馈作用。

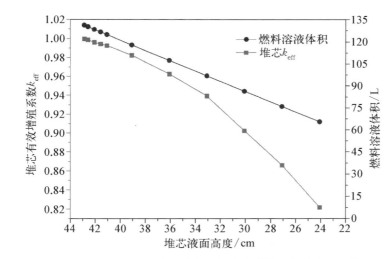

图 5‑7　第 1 个循环热态满功率时燃料溶液体积与堆芯 k_{eff} 关系

由于在溶液堆中,慢化剂和燃料为均匀混合的溶液状态,温度变化时,其反应性系数受溶液密度变化(体积变化)、核素截面变化的共同影响。溶液温度系数定义为堆芯燃料溶液温度每变化 1 ℃时,引起的反应性变化,可采用经验公式表征。

同位素生产试验堆中辐解气泡的存在将对堆芯反应性产生如下影响:

(1)慢化剂的有害吸收减少,产生正效应;

(2)中子泄漏增加,产生负效应;

(3)慢化能力减弱,能谱变硬,在本堆型中将产生负效应。

计算中选取燃料溶液温度为 80 ℃、无气泡、棒全提的堆芯状态为基准状态。通过燃料溶液的密度和体积的变化来近似考虑堆芯气泡份额分别为 1%、2%、3%、4%、5%时对 k_{eff} 的影响。计算过程假定气泡均匀分布于溶液中,根据气泡份额求得新的溶液体积,进而推算得新的溶液的密度。

功率系数定义为堆芯功率每变化额定功率的 1%引起的反应性变化,反映了燃料溶液温度和气泡份额变化引起的组合效应。

5.4　堆芯热工水力设计

试验堆热工水力设计是设计工作的重点之一,中国核动力研究设计院在广泛调研国内外溶液堆设计经验的同时,开展了 1∶1 堆芯热工水力模拟试验,并在试验的基础上,开展理论研究,完成了同位素生产试验堆的热工水力设计。

堆芯热工水力设计参考 HAF201 — 1995《研究堆设计安全规定》,并根据水溶液均匀堆的特点,暂定热工水力设计准则如下:试验在正常运行情况下,堆芯燃料溶液平均温度低于 80 ℃。

5.4.1 设计程序的主要功能

计算分析中主要采用的 MITHA(Medical Isotope Production Core Thermal Hydraulic Analysis Code)程序,是试验堆芯热工水力分析程序。其分析对象为采用液体燃料硝酸铀酰溶液的堆容器。程序的主要功能如下:

(1)确定堆容器内燃料溶液的平均温度;

(2)确定导热盘管内的冷却剂平均温度和出口温度;

(3)确定通过导热盘管冷却水从堆容器中燃料溶液中带出的热量;

(4)确定通过堆容器筒体壁从堆容器中燃料溶液带出的热量;

(5)确定通过堆容器底封头从堆容器中燃料溶液带出的热量;

(6)确定导热盘管进出口间的压降。

MITHA 程序中所选择的物性参数关系式和其他经验关系式能够适应较宽的参数范围。

5.4.2 程序计算方法

程序计算公式为

$$Q = Q_1 + Q_2 + Q_3$$
$$Q_1 = W(H_o - H_i) \tag{5-1}$$

式中:Q 为反应堆总热功率,W;Q_1 为通过冷却盘管内一次冷却水带走的热量,W;Q_2 为通过堆容器筒体壁带走的热量,W;Q_3 为通过堆容器底封头带走的热量,W;W 为冷却盘管内的一次冷却水质量流量,kg/s;H_i 为冷却盘管入口比焓,J/kg;H_o 为冷却盘管出口比焓,J/kg。

可得冷却盘管的出口比焓为

$$H_o = H_i + \frac{Q_1}{W} \tag{5-2}$$

由焓与温度之间的函数关系,可以求出冷却盘管出口一次冷却水温度为

$$t_{\text{fl,o}} = t(H_{\text{o}}, p) \tag{5-3}$$

式中：p 为冷却盘管出口压力，MPa。

5.4.2.1　冷却盘管传热方程

冷却盘管传热方程包括冷却盘管内传热方程、冷却盘管壁导热方程、冷却盘管外表面传热方程与冷却盘管总的传热方程。

1) 冷却盘管内传热方程

$$t_{\text{wl,i}} = \bar{t}_{\text{fl}} + \frac{Q_1}{h_{1,\text{i}} F_{1,\text{i}}} \tag{5-4}$$

$$\bar{t}_{\text{fl}} = \frac{1}{2}(t_{\text{fl,i}} + t_{\text{fl,o}})$$

式中：$F_{1,\text{i}}$ 为冷却盘管内表面传热面积，m^2；$h_{1,\text{i}}$ 为冷却盘管内表面传热系数，$W/(m^2 \cdot \text{℃})$；$t_{\text{wl,i}}$ 为冷却盘管内壁平均温度，℃；$\bar{t}_{\text{fl}}$ 为冷却盘管内一次冷却水平均温度，℃；$t_{\text{fl,i}}$ 为冷却盘管入口一次冷却水温度，℃；$t_{\text{fl,o}}$ 为冷却盘管出口一次冷却水温度，℃。

2) 冷却盘管壁导热方程

$$t_{\text{wl,o}} = t_{\text{wl,i}} + \frac{Q_1}{2\pi\lambda_1 L} \ln\left(\frac{D_{1,\text{o}}}{D_{1,\text{i}}}\right) \tag{5-5}$$

$$\lambda_1 = 1.287 \times 10^{-2} \times \left(\frac{t_{\text{wl,o}} + t_{\text{wl,i}}}{2}\right) + 15.027$$

式中：$t_{\text{wl,o}}$ 为冷却盘管外壁平均温度，℃；L 为冷却盘管长度，m；$D_{1,\text{i}}$ 为冷却盘管内径，m；$D_{1,\text{o}}$ 为冷却盘管外径，m；λ_1 为冷却盘管材料导热系数，$W/(m \cdot \text{℃})$。

3) 冷却盘管外表面传热方程

对于冷却盘管同时存在水平放置和垂直放置的情况：

$$t_{\text{c}} = t_{\text{wl,o}} + \frac{Q_1}{h_{1,\text{o,h}} F_{1,\text{o}}(1-\alpha_{\text{v}}) + h_{1,\text{o,v}} F_{1,\text{o}}\alpha_{\text{v}}} \tag{5-6}$$

式中：t_{c} 为堆容器中燃料溶液平均温度，℃；$F_{1,\text{o}}$ 为冷却盘管外表面总的传热面积，m^2；$h_{1,\text{o,v}}$ 为垂直冷却盘管外表面传热系数，$W/(m^2 \cdot \text{℃})$；$h_{1,\text{o,h}}$ 为水平冷却盘管外表面传热系数，$W/(m^2 \cdot \text{℃})$；α_{v} 为冷却盘管垂直部分长度占总长度的比例。

4）冷却盘管总的传热方程

综上所述，冷却盘管总的传热方程可写为

$$t_c = \bar{t}_{f1} + \frac{Q_1}{F_{1,o}} \left[\frac{1}{h_{1,i}} \frac{D_{1,o}}{D_{1,i}} + \frac{D_{1,o}}{2\lambda_1} \ln\left(\frac{D_{1,o}}{D_{1,i}}\right) + \right.$$
$$\left. \frac{1}{h_{1,o,h}(1-\alpha_v) + h_{1,o,v}\alpha_v} \right] \tag{5-7}$$

5.4.2.2　堆容器筒体壁传热方程

堆容器筒体壁传热方程包括堆容器筒体内表面传热方程、堆容器筒体壁导热方程、堆容器筒体外表面传热方程与堆容器筒体总的传热方程。

1）堆容器筒体内表面传热方程

$$t_c = t_{w2,i} + \frac{Q_2}{h_{2,i}F_{2,i}} \tag{5-8}$$

式中：$h_{2,i}$ 为堆容器筒体内表面传热系数，$W/(m^2 \cdot \text{℃})$；$t_{w2,i}$ 为堆容器筒体内表面平均温度，℃；$F_{2,i}$ 为堆容器筒体内表面传热面积，m^2。

2）堆容器筒体壁导热方程

$$t_{w2,i} = t_{w2,o} + \frac{Q_2}{2\pi\lambda_2 l} \ln\left(\frac{D_{2,o}}{D_{2,i}}\right)$$
$$\lambda_2 = 1.287 \times 10^{-2} \times \left(\frac{t_{w2,o} + t_{w2,i}}{2}\right) + 15.207 \tag{5-9}$$

式中：l 为堆容器筒体内壁面有效换热高度，m；$D_{2,i}$ 为堆容器筒体内径，m；$D_{2,o}$ 为堆容器筒体外径，m；$t_{w2,o}$ 为堆容器筒体外壁面平均温度，℃；λ_2 为堆容器筒体材料导热系数，$W/(m \cdot \text{℃})$。

3）堆容器筒体外表面传热方程

$$t_{w2,o} = \bar{t}_{f2} + \frac{Q_2}{h_{2,o}F_{2,o}} \tag{5-10}$$

式中：$h_{2,o}$ 为堆容器筒体外表面传热系数，$W/(m^2 \cdot \text{℃})$；$F_{2,o}$ 为堆容器筒体外表面传热面积，m^2；$\bar{t}_{f2}$ 为水井内池水平均温度，℃。

4）堆容器筒体总的传热方程

$$t_c = \bar{t}_{f2} + Q_2 \left[\frac{1}{h_{2,i} F_{2,i}} + \frac{1}{2\pi\lambda_2 l} \ln\left(\frac{D_{2,o}}{D_{2,i}}\right) + \frac{1}{h_{2,o} F_{2,o}} \right]$$

$$(5-11)$$

5.4.2.3　堆容器底封头壁传热方程

堆容器底封头壁传热方程包括堆容器底封头内表面传热方程、堆容器底封头壁导热方程、堆容器底封头外表面传热方程与堆容器底封头总的传热方程。

1）堆容器底封头内表面传热方程

$$t_c = t_{w3,i} + \frac{Q_3}{h_{3,i} F_{3,i}} \tag{5-12}$$

式中：$h_{3,i}$ 为堆容器底封头内表面传热系数，$W/(m^2 \cdot ℃)$；$t_{w3,i}$ 为堆容器底封头内表面平均温度，$℃$；$F_{3,i}$ 为堆容器底封头内表面传热面积，m^2。

2）堆容器底封头壁导热方程

$$t_{w3,i} = t_{w3,o} + \frac{Q_3}{4\pi\lambda_3}\left(\frac{1}{R_i} - \frac{1}{R_o}\right) \tag{5-13}$$

$$\lambda_3 = 1.287 \times 10^{-2} \times \left(\frac{t_{w3,o} + t_{w3,i}}{2}\right) + 15.207$$

式中：$t_{w3,o}$ 为堆容器底封头外壁面平均温度，$℃$；R_i 为堆容器底封头内径，m；R_o 为堆容器底封头外径，m；λ_3 为堆容器底封头材料导热系数，$W/(m \cdot ℃)$。

3）堆容器底封头外表面传热方程

$$t_{w3,o} = \bar{t}_{f2} + \frac{Q_3}{h_{3,o} F_{3,o}} \tag{5-14}$$

式中：$t_{w3,o}$ 为堆容器底封头外壁面温度，$℃$；$h_{3,o}$ 为堆容器底封头外表面传热系数，$W/(m^2 \cdot ℃)$；$F_{3,o}$ 为堆容器底封头外表面传热面积，m^2；$\bar{t}_{f2}$ 为水井内池水平均温度，$℃$。

4）堆容器底封头总的传热方程

$$t_c = \bar{t}_{f2} + Q_3 \left[\frac{1}{h_{3,i} F_{3,i}} + \frac{1}{4\pi\lambda_3} \left(\frac{1}{R_i} - \frac{1}{R_o} \right) + \frac{1}{h_{3,o} F_{3,o}} \right]$$

$$(5-15)$$

5.4.3　堆芯热工水力设计结果

由燃料溶液平均温度分析和导热盘管压降分析可知,当硝酸铀酰水溶液浓度为 230 g/L 时:燃料溶液装量为 120 L,溶液平均温度为 71.9 ℃;燃料溶液装量为 126.4 L(额定工况),溶液平均温度为 70.4 ℃;燃料溶液装量为 150 L,溶液平均温度为 65.2 ℃。对于不同的燃料溶液装量,燃料溶液平均温度满足热工水力设计准则要求。

5.5　冷却水系统

冷却水系统在反应堆正常运行期间,为试验堆提供冷却水源,导出堆芯热量,以确保堆芯燃料溶液温度在规定的范围内。

5.5.1　一次冷却水系统

一次冷却水系统是试验堆的主要系统之一。通过本系统的运行,将试验堆堆芯产生的热量可靠、有效地导出,以保证堆芯燃料溶液温度在规定的范围内。

一次冷却水系统的主要功能是将试验堆热量传给二次冷却水系统:

（1）在试验堆功率运行期间维持燃料溶液平均温度和最高温度不超过设计限值;

（2）在试验堆正常停堆期间排出反应堆余热。

一次冷却水系统冷却水从堆芯容器一侧流入堆芯容器的堆芯冷却盘管,与燃料溶液交换热量后从堆芯容器另一侧流出,进入一次冷却水缓冲水箱,然后流经一次冷却水热交换器壳侧将其热量传递给管侧的二次冷却水后,通过一次冷却水泵升压,返回堆芯冷却盘管,形成闭合循环。

一次冷却水系统主要由堆芯冷却盘管、一次冷却水泵、缓冲水箱、一次冷却水热交换器、管道和阀门等组成,如图 5-8 所示。

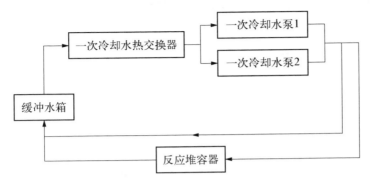

图 5-8　一次冷却水系统流程图

一次冷却水系统主要设计参数如表 5-7 所示。

表 5-7　一次冷却水系统主要设计参数

参　　数	数　　值
反应堆额定热功率(单堆)/kW	200
系统设计温度/℃	100
系统的额定质量流量/(t/h)	7.2
堆芯盘管入口温度/℃	13
堆芯盘管出口温度/℃	35
设计寿命/a	50

5.5.2　二次冷却水系统

二次冷却水系统的主要功能包括以下几方面:

(1) 将一次冷却水系统和设备冷却水系统的热量传给最终热阱;

(2) 在反应堆功率运行期间为一次冷却水系统和设备冷却水系统提供冷源,维持其平均温度不超过设计限值;

(3) 在反应堆正常停堆期间,与一次冷却水系统一起排出反应堆余热。

二次冷却水系统由设备冷却水系统提供满足要求的冷水,送到一次冷却热交换器,然后排出设备冷却水系统,构成闭式循环回路,如图5-9所示。

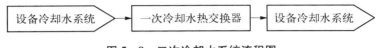

图5-9 二次冷却水系统流程图

二次冷却水系统主要设计参数如表5-8所示。

表5-8 二次冷却水系统主要设计参数

参　　数	数　　值
设计热负荷/kW	200
二次冷却水体积系统流量/(m³/h)	35
二次冷却水源温度/℃	7
系统设计压力(均为绝对压力)/MPa	0.5

5.6　气体复合系统

同位素生产试验堆在正常运行过程中,硝酸铀酰水溶液分解不断产生氢气、氧气、NO_x 等气体。为应对氢气浓度累积到一定程度时可能会发生爆炸的风险,本试验堆设置了气体复合系统,其氢氧复合能力可保证反应堆及气体复合系统中的氢气浓度(体积分数)不大于2%,低于氢气燃烧限值(4%)。

气体复合系统的主要功能如下:

(1) 接收来自反应堆产生的气体混合物;

(2) 将反应堆正常功率运行期间产生的氢、氧复合成水,防止"氢爆炸",并使复合水返回反应堆;

(3) 氢气在催化复合器中复合后,混合气体中的氢浓度(体积分数)不超过0.2%;

(4) 排除辐照分解气体和裂变气体,维持系统正常运行。

来自反应堆料液裂解的气体,从堆芯容器上部中央引出口进入气体复合系统,气体被送入氢氧复合器,在催化剂的作用下进行氢、氧复合。复合后的气体进入喷射泵,高温气(汽)体与高速喷射液体进行热交换,蒸汽冷凝成水。气体通过喷射泵加压后经过冷却水箱返回堆芯。随着系统的运行,当气体复合系统压力升高到一定程度时,打开阀门将多余气体排入废气处理系统。

气体复合系统主要由氢氧催化复合器、循环泵、喷射泵、冷却水箱、管道和阀门等组成,如图 5-10 所示。

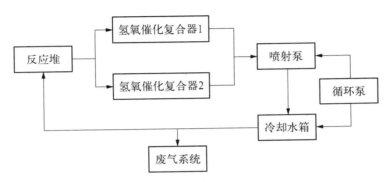

图 5-10　气体复合系统流程图

气体复合系统主要设计参数如表 5-9 所示。

表 5-9　气体复合系统主要设计参数

参　　数	数　　值
堆芯核功率/kW	200
料液中硝酸的浓度/(mol/L)	0.1～0.3
载气流量/(L/s)	约 50
堆内氢气的产生率/[mol/(kW·s)]	$0.268\,4\times10^{-4}$～$1.058\,0\times10^{-4}$
堆内氧气的产生率/[mol/(kW·s)]	$0.536\,9\times10^{-4}$～$1.744\,7\times10^{-4}$
工作压力/MPa	0.1～0.3
设计压力/MPa	1.8
氮气产生率/[mol/(kW·s)]	$4.199\,5\times10^{-6}$
运行周期/h	48

5.7　池水净化和冷却系统

为应对反应堆停堆后余热导出及屏蔽需求,同位素生产试验堆设置了1个反应堆水池和1个燃料暂存罐水池,同时设置池水净化和冷却系统,在设施运行期间对池水进行净化和冷却。

池水净化和冷却系统的主要功能如下:

(1)正常运行期间,去除反应堆池水和燃料暂存罐池水中溶解性离子杂质和不溶性固体杂质,维持水化学指标在规定范围内;

(2)冷却反应堆池水和燃料暂存罐池水,维持其水温不超过规定值;

(3)反应堆启堆前加热反应堆水池,进而加热反应堆容器内的燃料溶液。

池水净化和冷却系统的设计以反应堆池水和燃料暂存罐池水进行冷却、净化和加热为依据,按照正常体积流量 6 m³/h 进行设计,该流量可以满足正常的冷却、净化和加热要求。池水净化和冷却系统主要由净化泵、池水冷却器、过滤器 1、净化混床、过滤器 2、池水加热器以及相应的管道、阀门、仪表和管路附件等组成,如图 5-11 所示。

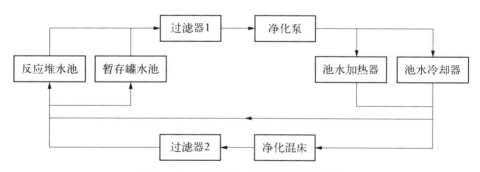

图 5-11　池水净化和冷却系统流程图

池水净化和冷却系统主要设计参数如表 5-10 所示。

表 5-10　池水净化和冷却系统主要设计参数

参　　数	数　　值
反应堆/燃料暂存罐池水运行温度/℃	≤40
反应堆池水装量/m³	54

（续表）

参　　数	数　　值
燃料暂存罐池水装量/m³	27
系统设计质量流量/(t/h)	6

5.8　紧急排料停堆系统

同位素生产试验堆将紧急排料作为安全停堆手段,相应的紧急排料停堆系统及配套的仪控电系统,均采取与安全有关的功能设计。

紧急排料停堆系统的主要功能是在收到紧急停堆信号的情况下,通过排出堆芯燃料溶液使反应堆紧急停堆。作为放射性隔离边界,防止燃料溶液向环境释放。

紧急排料停堆系统通过将燃料溶液导出堆芯至几何次临界的紧急排料储存罐中,确保反应堆停堆且保持停堆状态。当反应堆正常运行时,紧急排料停堆系统处于备用状态。紧急排料停堆系统主要由紧急排料储存罐以及相应的管道、阀门、仪表和管路附件等组成,如图 5-12 所示。

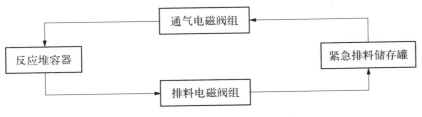

图 5-12　紧急排料系统流程图

紧急排料系统主要设计参数如表 5-11 所示。

表 5-11　紧急排料停堆系统主要设计参数

参　　数	数　　值
设计压力/MPa	1.8
设计温度/℃	150
紧急排料储存罐容积/L	220

5.9　补酸系统

同位素生产试验堆正常运行过程中,反应堆容器内燃料溶液中的 NO_3^- 分解为 N_2、O_2、NO_x 等气体,导致燃料溶液中硝酸根浓度降低,为维持燃料溶液的硝酸根浓度平衡,特设置补酸系统。补酸系统的主要功能为自动向反应堆补充硝酸,维持燃料溶液酸度在规定的范围内。当反应堆正常运行时,补酸泵和补水泵投入运行,将补酸罐中硝酸溶液和冷却水箱(气体复合系统)中的冷却水连续补充到反应堆内的燃料溶液中,如图 5-13 所示。

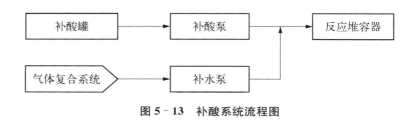

图 5-13　补酸系统流程图

补酸系统主要设计参数如表 5-12 所示。

表 5-12　补酸系统主要设计参数

参　　　数	数　　值
堆芯核功率/kW	200
燃料溶液中硝酸的浓度/(mol/L)	0.1～0.3
运行周期/h	48

5.10　氮气吹扫系统

为应对同位素生产试验堆事故停堆后衰变产生氢气及其累积所带来的潜在风险,试验堆设置了氮气吹扫系统,通过注入氮气将氢气浓度稀释至 2% 以下,确保氢气浓度低于规定限值要求。

氮气吹扫系统主要有以下功能。

（1）设计基准工况。为应对事故条件下短期及长期时间范围反应堆容器、紧急排料储存罐内的氢气风险，通过在一定时间内控制氮气流速，将反应堆容器和紧急排料储存罐内的氢气浓度维持在燃烧限值以下，使氢气浓度控制在合理范围内。

（2）超设计基准事故。为应对超设计基准事故下长期时间范围反应堆容器氢气风险，在紧急排料功能失效的前提下，通过在一定时间内控制氮气流速，降低超设计基准事故下的氢气风险。

氮气吹扫系统由氮气罐 1、氮气罐 2，以及相应的管道、阀门、仪表和管路附件等组成。氮气吹扫系统流程如图 5-14 所示。

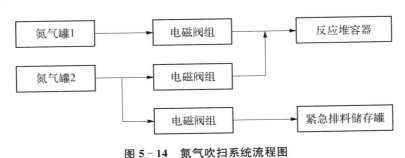

图 5-14　氮气吹扫系统流程图

氮气吹扫系统主要设计参数如表 5-13 所示。

表 5-13　氮气吹扫系统主要设计参数

参　　数	数　　值
设计寿命/a	50
系统设计温度/℃	150
40 s 内氮气额定体积流量（由氮气罐 1 提供）/(L/S)	≥40
72 h 时内氮气额定体积流量（由氮气罐 2 提供）/(L/S)	第 1 天持续流量≥0.06，第 2 天持续流量≥0.02，第 3 天持续流量≥0.008

5.11　燃料溶液转移和暂存系统

同位素生产试验堆在正常运行 48 h 后，需要停堆进行同位素提取，从燃料溶液中将反应堆运行过程中产生的目标裂变核素提取出来,在执行这一操作之前,需要通过燃料溶液转移和暂存系统将反应堆容器内的已参与裂变的燃料溶液转移至燃料溶液暂存罐。

燃料溶液转移和暂存系统的主要功能如下:

(1) 接收由堆容器输运来的反应堆燃料溶液;

(2) 接收由燃料添加系统来的新燃料溶液;

(3) 储存并冷却燃料暂存罐内的反应堆燃料溶液;

(4) 调节燃料溶液参数(浓度、酸度等),维持燃料溶液性能指标满足运行要求;

(5) 将燃料暂存罐内的燃料溶液输送至反应堆容器;

(6) 作为放射性隔离边界,防止燃料溶液向环境释放。

燃料溶液转移和暂存系统采取正压送方式将反应堆容器内燃料溶液卸载至燃料暂存罐 1。通过开关有关阀门,将燃料暂存罐 2 上部气空间的压力调整到预定值,完成燃料溶液的装料。该系统设备主要由反应堆容器、燃料暂存罐 1、燃料暂存罐 2,以及相应的管道、阀门、仪表和管路附件等组成。系统流程如图 5－15 所示。

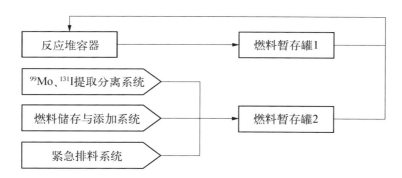

图 5－15　燃料溶液转移和暂存系统流程图

燃料溶液转移和暂存系统主要设计参数如表 5－14 所示。

表 5－14　燃料溶液转移和暂存系统主要设计参数

参　　数	数　　值
设计压力/MPa	1.8
设计温度/℃	150

（续表）

参　　数	数　　值
燃料暂存罐 1 容积/L	220
燃料暂存罐 2 容积/L	220

参考文献

［1］ 汪量子.溶液堆的蒙特卡罗方法物理计算模型及特性研究［D］.北京：清华大学,2011.

第 6 章
同位素生产系统

从同位素生产试验堆燃料溶液和裂变气体中,可提取、生产同位素^{99}Mo、^{131}I 和 ^{89}Sr。同位素生产系统由^{99}Mo /^{131}I 提取分离系统、Na$_2$^{99}MoO$_4$ 溶液生产系统、^{99m}Tc 发生器生产系统、Na^{131}I 溶液生产系统、^{89}SrCl$_2$ 溶液生产系统等组成,并配以保护人员和环境安全的屏蔽热室和通风系统。

6.1 ^{99}Mo 和^{131}I 提取分离工艺

反应堆运行一段时间后,燃料溶液中除了生成重要的放射性核素^{99}Mo、^{131}I 外,还含有大量裂变杂质核素和硝酸铀酰。本工艺系统的功能就是从燃料溶液中提取分离^{99}Mo 和^{131}I,得到满足放射性药物制备质量要求的^{99}Mo 产品和^{131}I 产品,同时回收提取分离后的硝酸铀酰溶液。

本系统主要由^{99}Mo 和^{131}I 的提取、^{99}Mo 和^{131}I 的分离、^{99}Mo 的纯化、^{131}I 的纯化等工序组成。

^{99}Mo 的提取一般有化学沉淀法和无机离子交换法。化学沉淀法沉淀剂通常为 α-安息香肟,得到的^{99}Mo 沉淀用碱液(通常为 NaOH 溶液)溶解,再用涂银活性炭、水合氧化锆、活性炭等纯化,得到合格的^{99}Mo 产品。无机离子交换法的无机材料通常采用氧化铝,得到的含^{99}Mo 溶液再用阴离子交换柱和活性炭等纯化,得到合格的^{99}Mo 产品。化学沉淀法提取速度快、效率高、废液体积小,但无机离子交换法便于操作、燃料溶液几乎不需要复杂处理就可返回反应堆继续生产。

^{131}I 的提取主要为无机离子交换法。无机离子交换法的无机材料通常也采用氧化铝,燃料溶液通过无机离子交换柱后,^{131}I 被吸附,再由碱液淋洗得到含^{131}I 的淋洗液。

^{99}Mo 的纯化主要是去除溶液中不达标的杂质和沾污的^{131}I。去除杂质主要通过水合氧化锆、活性炭等柱分离；去除沾污的^{131}I 可以用涂银活性炭等柱分离，也可利用^{131}I 易挥发的性质采用灼烧法。灼烧过程中，可在^{99}Mo 粗产品中加入 H_2O_2，将可能被还原的 MoO_4^{2-} 恢复，溶液再加热蒸干去除 H_2O_2。蒸残物用 NaOH 溶液溶解，调节^{99}Mo 浓度后即可得到满足放射性药物制备质量要求的^{99}Mo 产品。

^{131}I 的纯化主要是去除溶液中不达标的杂质和^{99}Mo 的沾污，通常采用蒸馏法。溶液中的^{131}I 大部分以 IO_3^- 形式存在，向其中加入适量的 Na_2SO_3 后还原为碘蒸气，加热蒸馏，碘蒸气由 NaOH 溶液吸收，得到满足放射性药物制备质量要求的 Na^{131}I 溶液。

系统设计过程中需要遵循以下原则。

（1）燃料溶液提取过程中必须满足几何安全原则，确保无核临界事故的发生。

（2）应具有高度密封性，泄漏率尽量低。

（3）所采用的材料应具有强抗腐蚀能力，同时所有材料应不引起放射性同位素产品提取质量和效率降低。

（4）设备、阀门、管道的设计和布置应保证燃料输送和提取过程中滞留尽量少的燃料溶液、淋洗液、解吸液，并且流速可调、流量稳定，防止出现断流现象。

（5）应避免交叉污染。

（6）应配置可靠的仪器仪表和控制装置。

6.2　^{89}Sr 提取生产工艺

在同位素生产试验堆运行时，燃料溶液中^{235}U 裂变产生^{85}Kr、^{87}Kr、^{88}Kr、^{89}Kr、^{90}Kr、^{91}Kr 和^{131}Xe、^{135}Xe、^{137}Xe 等放射性惰性气体。这些裂变产生的放射性气体很快逸出溶液进入气体回路并衰变生成^{89}Sr、^{90}Sr、^{91}Sr 和^{137}Cs、^{138}Cs、^{138}Ba、^{140}Ba、^{141}Ce 等子体核素，其中 Cs、Ba、Ce 与 Sr 是不同元素，可以采用化学方法分离，^{89}Sr 与^{90}Sr 是同一元素的不同同位素，难以采用化学方法分离。另外，由于^{90}Sr 属于极毒放射性核素，进入人体将造成长期的辐射损伤，根据药典要求，医用^{89}Sr 产品中^{90}Sr 与^{89}Sr 的放射性比活度需低于 10^{-6}。因此，要从气回路得到^{89}Sr 产品，关键在于把^{89}Sr

与^{90}Sr 分离。

^{89}Kr 和^{90}Kr 的衰变链如图 6-1 所示，^{89}Kr($T_{1/2}=197.7$ s)在铀裂变中的产额为 4.88%，^{89}Kr 衰变成^{89}Rb 后，再衰变成^{89}Sr($T_{1/2}=50.5$ d)。^{90}Kr($T_{1/2}=33$ s)在铀裂变中的产额为 5.93%，^{90}Kr 衰变成^{90}Rb 后，再衰变成^{90}Sr($T_{1/2}=28.8$ a)。因此，可以利用^{89}Kr 与^{90}Kr 半衰期不同来分离它们的衰变产物^{89}Sr 和^{90}Sr。^{89}Sr 的提取可以在 MIPR 气回路中设置气回路旁路，使从反应堆芯产生的气体进入旁路，在旁路中实现^{89}Kr 与^{90}Kr 的分离。

$$^{89}\text{Kr} \xrightarrow{3.2 \text{ min}} {}^{89}\text{Rb} \xrightarrow{15.4 \text{ min}} {}^{89}\text{Sr} \underset{50.5 \text{ d}}{\overset{0.009\%}{<}} \quad {}^{88}\text{Y}^m \quad 16.1 \text{ s} \quad {}^{89}\text{Y}$$

$$^{90}\text{Kr} \xrightarrow{33 \text{ s}} {}^{90}\text{Rb} \xrightarrow{2.91 \text{ min}} {}^{90}\text{Sr} \xrightarrow{29 \text{ a}} {}^{90}\text{Y} \xrightarrow{64 \text{ h}} {}^{90}\text{Zr}$$

图 6-1　^{89}Kr 和^{90}Kr 的衰变链

俄罗斯 Kurchator 研究院和美国 Technology Commericalization International(TCI)公司联合开发设计了在俄罗斯 ARGUS 堆上的气回路旁路提取^{89}Sr，该装置如图 6-2 所示。ARGUS 运行 20 min 后再运行图 6-2 所示的气回路旁路生产^{89}Sr，打开阀 3 和阀 9，并开启泵 5 将堆芯内产生的气体输入^{90}Sr 沉降管 4。^{90}Sr 沉降管的作用是使气体中的绝大部分^{90}Kr 充分衰变成^{90}Rb，^{90}Rb 再衰变成^{90}Sr 沉降在管壁上或在通过过滤器 6 时被过滤。气体

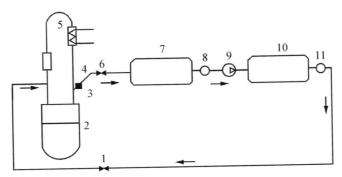

1—阀；2—堆芯；3—过滤器；4—增压泵；5—加热器；6—阀；7—^{90}Sr 沉降管；8—过滤器；9—泵；10—^{89}Sr 提取管；11—过滤器。

图 6-2　气回路旁路^{89}Sr 提取装置示意图

经过过滤器 6 进入 ^{89}Sr 提取管 7,其中的大部分 ^{89}Kr 在此管衰变成 ^{89}Rb,^{89}Rb 再衰变成 ^{89}Sr 沉降在管壁,没有沉降的固体通过过滤器 8 去除。^{89}Sr 提取结束后,阀 3、阀 9 及泵 5 关闭。沉降在 ^{89}Sr 提取管和过滤器 8 中的固体通过酸溶解后用化学方法分离其中的其他杂质(Cs、Ba、Ce、La 等),最后得到符合医用标准的 ^{89}SrCl$_2$ 产品。

^{89}Sr 提取生产工艺系统的功能是从同位素生产试验堆裂变和辐解气体中分离提取医用同位素 ^{89}Sr 和 ^{90}Sr,并将分离提取的医用同位素 ^{89}Sr 和 ^{90}Sr 淋洗至 ^{89}SrCl$_2$ 溶液生产线。

^{89}Sr 提取生产工艺系统是一套连接在同位素生产试验堆氢氧复合系统上的旁路系统,系统主要包括 1 台前级过滤器、2 台增压泵(一用一备)、1 套 ^{90}Sr 沉积器、1 台一级过滤器、1 套 ^{89}Sr 沉积器、1 台二级过滤器、2 台淋洗液循环罐及相应的管道、阀门和仪表等。

本系统采用间歇运行方式,先随反应堆运行开展分离提取操作,当反应堆停止运行后开展淋洗操作。

(1) 分离提取的主要操作:首先,从气体复合系统主管线引出循环气体经前级过滤器除去固体杂质后进入提取旁路,通过增压泵进行压缩后进入 ^{90}Sr 沉积管,在 ^{90}Sr 沉积管经过充足的时间后,几乎所有的 ^{90}Kr 都衰变成 ^{90}Sr,并沉积到 ^{90}Sr 沉积管内;然后,气体通过一级过滤管除去剩余的 ^{90}Sr 后进入 ^{89}Sr 沉积管,在 ^{89}Sr 沉积管经过充足的时间,使绝大部分的 ^{89}Kr 都衰变成 ^{89}Sr;最后,气体通过二级过滤器除去剩余的 ^{89}Sr,再经过背压阀减压后进入气体回路系统主工艺线。

(2) 淋洗的主要操作:系统停止运行后,调节配置好的淋洗液通过控制阀门使淋洗液缓慢流入淋洗液循环罐内;淋洗液体积达到设定值后,控制阀门使淋洗液进入 ^{89}Sr 沉积管内,对沉积器内的 ^{89}Sr 浸泡淋洗;同时,调节阀门,采用压缩氮气使淋洗液重新进入 ^{89}Sr 淋洗液循环罐;重复此动作多次后将淋洗液排放至淋洗液收集罐。^{90}Sr 淋洗过程与上述方法相同。

(3) 淋洗循环子系统去污过程:淋洗循环子系统包括淋洗液循环罐、沉积器和过滤器。去污过程中先打开淋洗液循环罐排气阀和去污阀,等达到一定液位时关闭去污阀重复淋洗步骤,再将废液排放至放射性废液系统;采用相同的步骤进行水洗;最后,利用控制排气阀和压空阀进行吹扫。

系统的压力需要控制在一定值,系统采用联锁控制,当系统压力超过设计压力后,系统设计的安全阀起跳,将气体排入放射性废气处理系统。

本系统包括压缩单元、锶沉积单元和锶淋洗单元 3 个部分,另需考虑系统的安全性,在合适的位置设置必要的安全阀。

压缩单元主要对主回路来的气体进行压缩,以提高系统对锶的提取效率,同时减少锶沉积单元设备体积;压缩机是系统的重要设备,因此设置一用一备;压缩机前端的预过滤器需要除去气体中的水分等,气体经过压缩机后温度会升高,因此压缩机后端需设置冷却装置;压缩机前端的温度为 75 ℃,后端温度应根据后端热量平衡计算确定(在考虑管线设备热损失的情况下,最终须保证返回主回路的气体温度为 75 ℃);压缩机前端压力为 0.09 MPa、后端压力为 6 MPa,压缩机前端和背压阀后端应设置压力检测装置和联锁装置,保证主回路管线不超压(主回路体积流量为 50 L/s)。

锶沉积单元的主要功能是沉积气体回路中的^{89}Sr 和^{90}Sr。^{90}Sr 沉积管、一级过滤器、^{89}Sr 沉积管、二级过滤器两端应设置差压装置。一级过滤器和二级过滤器主要是过滤前端产生的锶的固定颗粒,一级过滤器和二级过滤器后端应设置氮气反吹。^{89}Sr 和^{90}Sr 的工艺参数相同,工作压力为 6 MPa,工作温度为 75 ℃,有效容积为 65 L,盘管管道管径为 25 mm,盘管直径为 40 cm,盘管高度为 1.05 m,材质为 316 不锈钢。

锶淋洗单元的功能是在气体回路停止运行后,对^{89}Sr 沉积管内的锶进行淋洗回收。^{89}Sr 沉积管前端设置硝酸暂存罐,并连接去离子水系统和高压氮气系统,后端连接^{90}Sr 净化系统、放射性废液处理系统和放射性废气处理系统。

6.3　提取分离材料制备技术

同位素提取分离效果取决于提取分离材料。无定形氧化铝作为从裂变产物中提取钼和碘的吸附材料,阻力较大,多次使用后,易发生堵塞。而球形氧化铝具有比表面积大、吸附效率高、阻力小等优点,用于从燃料溶液中提取钼和碘,取得了良好的效果。

目前应用较广、较为成熟的球形氧化铝制备方法主要有转动成型法、均相沉淀法、乳液法、油柱成型法、喷雾干燥法、模板法、气溶胶分解法等。这些方法制得的球形氧化铝的颗粒尺寸在纳米级到毫米级。

1)转动成型法

转动成型法原理:将很细的氧化铝粉放置在倾斜的转盘中,在盘的上方用喷嘴喷入适量水分,通过不断转动,使物料之间相互黏附在一起,当球粒长到一定大小,就从盘边溢出成为成品。采用该方法制备的球形氧化铝虽然具有很高的强度,但其表面不光滑且颗粒大小不均一,更为关键的是载体的孔结构完全受氧化铝粉体的孔结构的制约[1]。

此方法得到的氧化铝球形度较好,但大小不均一,且组成和结构性能受原料的限制较大,整体制备的球粒孔径和孔容都较小。

2) 均相沉淀法

均相沉淀法原理:在均相溶液中加入沉淀剂,在一定条件下,会均匀地生成大量的微小晶核,最终形成的细小沉淀颗粒会均匀地分散在整个溶液中[2]。如果得到的沉淀颗粒尺寸在胶体粒子的范围内,此时均相沉淀法也称为溶胶凝胶法。

早期,Brace 等[3]用 $Al_2(SO_4)_3$ 高温陈化制备氢氧化铝溶胶,得到的胶体粒子也有非常好的球形形貌。

Roh 等[4]利用 $Al_2(SO_4)_3$、$Al(NO_3)_3$ 和尿素作为原料,在油浴 98 ℃的条件下,依靠尿素缓慢水解产生的氢氧根为沉淀剂,制得了球形氢氧化铝前驱体,并可通过调整 SO_4^{2-} 与 NO_3^- 的比例来调节前驱体颗粒的尺寸,前驱物煅烧后仍可保持球形形貌。

3) 乳液法

乳液法原理:利用油相和水相间的界面张力制造微小的球形液滴,使溶胶粒子的形成及凝胶化都被限定在微小的液滴中进行,最终获得球形的沉淀颗粒。

Ogihara 等[5]利用醇铝水解,经过溶胶凝胶过程制备球形氧化铝粉体,整个水解体系比较复杂,并且用羟丙基纤维素作为分散剂,得到了球形度非常好的球形 γ-氧化铝粉体。

Chatterjee 等[6]研究了正己烷、环己烷、四氯化碳、正丁醇等有机溶剂与吐温、司班等表面活性剂组成的乳化体系中的临界胶束浓度与亲水亲油平衡值对形成球形氧化铝的影响。

Park 等[7]在异丙醇铝水解、胶溶、陈化、煅烧的制粉工艺中,研究了亲油试剂二(2-乙基己基)酯磺酸钠对氧化铝产品形貌和尺寸的控制,发现在陈化阶段加入二(2-乙基己基)酯磺酸钠更容易形成球形颗粒。

Lee 等[8]研究了在石蜡油与司班-80 构成的乳化体系中球形氧化铝的粒度变化。这些方法均采用了大量的有机溶剂及表面活性剂,并且这些试剂的加入是在形成凝胶颗粒的前期,会给粉体的分离及干燥带来麻烦。

该方法制备的球形氧化铝球形度高,分散性好,但尺寸较小,一般为 10 nm～40 μm,柱容易堵塞,也存在烧结后团聚严重的缺点。

4) 油柱成型法

油柱成型法制备球形氧化铝的研究始于 20 世纪 50 年代,其原理是将氧化铝溶胶滴入油层(通常使用石蜡、矿物油等)中,靠表面张力的作用形成球形的溶胶颗粒,随后溶胶颗粒在氨水溶液中凝胶化,最后将凝胶颗粒干燥、煅烧形成球形氧化铝。这种方法是对乳液法工艺的进一步改进,将乳液技术应用于溶胶的老化阶段,并且保持油相不动,省去了粉体与油性试剂的分离处理过程。

Lin 等[9-11]将过程连续化,建立连续的实验装置。但这种方法通常用来制备粒径较大的球形氧化铝,主要应用于吸附剂或催化剂载体。Liu 等[12]利用滴球技术制备了 2 mm 的球形氧化铝。Ismagilov 等[13]也建立了类似的装置,制备了可用于流化床反应器的球形氧化铝。

油柱成型法制备的球形氧化铝粒径可调,技术成熟,已逐步成为在化学吸附剂方面具有较好应用价值的球形 γ-氧化铝的主要制备方式。

5) 喷雾干燥法

喷雾干燥法原理:将液滴经喷嘴雾化,在表面张力的作用下形成球形,与热空气相遇后,液滴中的溶剂迅速蒸发,使液滴成为具有球形和很好流动性的细粉颗粒团聚体(流程如图 6-3 所示)。该方法所得的产品颗粒较小,适合制备微球形氧化铝。

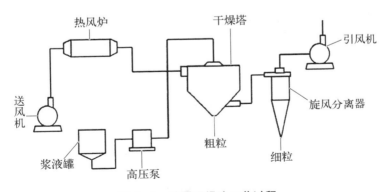

图 6-3　喷雾干燥法工艺过程

Selvarajan 等[14]使用直流等离子喷枪,利用等离子焰直接将固体铝粉或氧化铝粉熔融,然后立刻做退火处理,通过调节载气成分和直流电弧的功率可以控制球形化程度,并可以制备空心结构。

该方法制备的球形氧化铝粒子较小,粒径分布均匀,生产成本较高,可作为大批量微型球形氧化铝的制备方法。

6) 模板法

模板法以球形原料作为过程中控制形态的试剂,产品通常为空心,或者是核壳结构。图 6-4 展示了氧化铝中空球体的合成原理[15]。

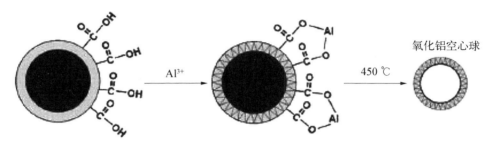

图 6-4　氧化铝中空球体的合成原理

Chowdhury 等[16]用吐温-80 包囊碳纳米粒子成核,结晶后 $Al(NO_3)_3$ 在核心粒子表面分解,合成 $C@Al_2O_3$① 粒子,再将 $C@Al_2O_3$ 复合粒子脱碳化得到球形多孔氧化铝。

Zhou 等[17]通过水热合成法和煅烧,用一种简单环保的方法制造了蛋黄-蛋壳型的碳-氧化铝粒子,由固体碳核和多孔的氧化铝壳组成了独特的蛋黄-蛋壳型结构粒子,并且在核壳间有极大的自由空间;通过简单地调节葡萄糖和铝盐前驱体的比例能够显著地提高复合粒子的比表面积和多孔特性。

模板法是制备空心球形氧化铝的重要方法,但对模板剂的要求较高,制备过程步骤多,不易操作。

7) 气溶胶分解法

气溶胶分解法原理:以铝醇盐为原料,利用铝醇盐易水解和高温热解的性质,并采用相变的物理手段,将铝醇盐气化,然后与水蒸气接触水解雾化,再经高温干燥或直接高温热解,从而实现气-液-固或气-固相的转变,最终形成球形氧化铝粉体。

Ingebrethsen 等[18]制备了均匀混合的球形氧化铝-氧化钛胶体;Tartaj 等[19]制备了均相的掺杂氧化铁的氧化铝球形粒子。

---

① 　$C@Al_2O_3$ 表示碳被包裹在氧化铝结构内部或碳与氧化铝紧密结合形成的一种复合粒子。

球形氧化铝的上述制备方法的比较如表 6-1 所示。

表 6-1　球形氧化铝的制备方法比较

序号	制备方法	铝　源	特　　点
1	转动成型法	氧化铝粉	球形率高,产品粒度较大,但强度不够理想,使用有局限性
2	均相沉淀法	$Al_2(SO_4)_3$ 或 $NH_4Al(SO_4)_3$	球形率高,平均粒径为 400 nm～10 μm,纯度低,分散性好,烧结后有团聚,多孔道
3	乳液法	异丙醇铝	球形率高,平均粒径为 10 nm～40 μm,纯度高,分散性较好,烧结后团聚严重
4	油柱成型法	γ-AlOOH 或铝醇盐	球形率可达 100%,平均粒径 1.5～3 mm,纯度高,分散性最好,烧结后多孔道;缺点是使用热油和必须保持溶胶长时间滴落
5	喷雾干燥法	无机铝盐或氧化铝粉	球形率高,平均粒径为 0.1～40 μm,纯度高,分散性好,多孔性可调;缺点是设备复杂
6	模板法	铝粉或 $Al(NO_3)_3$	球形率较高,尺寸由模板决定,纯度高,分散性好,多为空心结构
7	气溶胶分解法	铝醇盐	球形率高,平均粒径为 0.06～2 μm,纯度高,分散性好,多孔性可调;缺点是设备复杂

6.4　主要提取分离装置

同位素提取分离装置是同位素生产系统的关键设备,可将有价值的医用同位素从核燃料溶液中提取出来,并实现进一步的纯化,以得到符合要求的医用同位素产品。同位素提取分离装置主要包括^{99}Mo/^{131}I 提取分离装置、^{99}Mo纯化与分装装置、^{131}I 纯化与分装装置、^{89}Sr 提取分离装置。

1) ^{99}Mo/^{131}I 提取分离装置

为了提取目标放射性核素^{99}Mo 和^{131}I,反应堆运行一段时间后必须停堆,将燃料溶液转移出堆芯,并从燃料溶液中去除铀和不需要的裂变杂质核素,利用^{99}Mo/^{131}I 提取分离装置得到^{99}Mo 和^{131}I 粗产品。^{99}Mo/^{131}I 提取分离装置采用无机离子交换柱,装置核心为钼、碘提取柱和钼、碘分离柱,内装提取分离材料,可从燃料溶液中提取得到^{131}I和^{99}Mo粗产品。

2）^{99}Mo纯化与分装装置

通过^{99}Mo/^{131}I提取分离装置得到的^{99}Mo粗产品含有杂质,需进一步纯化。纯化装置核心为柱色谱,即钼纯化柱,内装分离材料,可将^{99}Mo粗产品中的杂质去除,得到较纯的^{99}Mo产品。分装装置由料液输送管线与驱动装置构成,可以实现^{99}Mo溶液的定向和定量转移,包括取样、测量,根据需求分装产品。

3）^{131}I纯化与分装装置

通过^{99}Mo/^{131}I提取分离装置得到的^{131}I粗产品含有杂质,需进一步纯化。纯化装置为碘蒸馏与吸收系统,加热含^{131}I粗产品溶液,^{131}I蒸气逸出后被NaOH溶液吸收,得到较纯的Na^{131}I溶液。分装装置由料液输送管线与驱动装置构成,可以实现^{131}I溶液的定向和定量转移,包括取样、测量,根据需求分装产品。

4）^{89}Sr提取分离装置

^{89}Sr提取分离装置由提取旁路和纯化装置组成。同位素生产试验堆产生的裂变气体通过提取旁路时衰变产生^{89}Sr,并沉淀在^{89}Sr提取管路内。反应堆停止运行后,冲洗提取旁路,收集含^{89}Sr的冲洗液。然后,利用纯化装置除去金属杂质,再调节溶液pH值至中性,得到^{89}SrCl$_2$产品。

6.5 同位素生产线

围绕各核素主要提取分离装置,配置了屏蔽箱体和相应的辅助系统,共同构成各核素产品的生产线,主要设有^{99}Mo/^{131}I提取分离生产线、Na$_2$^{99}MoO$_4$溶液生产线、^{99m}Tc发生器生产线、Na^{131}I溶液生产线等4条生产线。

1）^{99}Mo/^{131}I提取分离生产线

^{99}Mo/^{131}I提取分离生产线主要由热室和Mo/I提取分离装置组成。燃料溶液从储存罐转移至热室中的Mo/I提取分离装置,^{99}Mo/^{131}I被Mo/I提取柱吸附,含铀淋洗液回收,经酸度调节等处理后复用。将^{99}Mo/^{131}I淋洗下来,用液泵输送到Mo/I分离柱,淋洗得到^{99}Mo和^{131}I粗产品。

2）Na$_2$^{99}MoO$_4$溶液生产线

Na$_2$^{99}MoO$_4$溶液生产线主要由热室、钼酸钠纯化分装装置组成。^{99}Mo粗产品由液泵转移至^{99}Mo热室,通过^{99}Mo纯化装置得到Na$_2$^{99}MoO$_4$溶液;用分装装置取样测量活度并分装成为产品。

3）^{99m}Tc 发生器生产线

^{99m}Tc 发生器生产线的作用是将 $Na_2^{99}MoO_4$ 溶液制成可直接供医院使用的 $^{99}Mo-^{99m}Tc$ 发生器，生产线由热室、钼酸钠料液吸附装置、灭菌装置、发生器装配装置组成。在热室中，钼酸钠料液吸附装置将 $Na_2^{99}MoO_4$ 溶液分批加入各个 ^{99}Mo 吸附柱吸附，转移至灭菌装置灭菌，再由发生器装配装置装配成 $^{99}Mo-^{99m}Tc$ 发生器。抽取装配好的 $^{99}Mo-^{99m}Tc$ 发生器进行淋洗，取样分析合格的产品运出包装后成为产品。

4）$Na^{131}I$ 溶液生产线

$Na^{131}I$ 溶液生产线由热室、碘化钠纯化装置、调节取样装置、碘化钠分装装置、灭菌装置和包装装置组成。^{131}I 粗产品由液泵转移至 ^{131}I 热室，通过碘化钠纯化装置得到 $Na^{131}I$ 溶液；用分装装置取样测量活度并分装成为产品。

参考文献

［1］ Labhsetwar N K，Watanabe A，Biniwale R B，et al. Alumina supported, perovskite oxide based catalytic materials and their auto-exhaust application［J］. Applied Catalysis B: Environmental，2001，33(2)：165-173.

［2］ 施剑林，高建华，阮美玲. 均相沉淀法制备球形氢氧化铝颗粒及其热分解行为［J］. 无机材料学报，1992，7(2)：161-167.

［3］ Brace R，Matijević E. Aluminum hydrous oxide sols - Ⅰ: Spherical particles of narrow size distribution［J］. Journal of Inorganic & Nuclear Chemistry，1973，35 (11)：3691-3705.

［4］ Roh H S，Choi G K，An J S，et al. Size-controlled synthesis of monodispersed mesoporous α-alumina by a template-free forced hydrolysis method［J］. Dalton Transactions，2011，40(26)：6901-6905.

［5］ Ogihara T，Nakajima H，Yanagawa H，et al. Preparation of monodisperse, spherical alumina powders from alkoxides［J］. Journal of the American Ceramic Society，1991，74(9)：2263-2269.

［6］ Chatterjee M，Naskar M K，Siladitya B，et al. Role of organic solvents and surface-active agents in the sol-emulsion-gel synthesis of spherical alumina powders［J］. Journal of Materials Research，2000，15(1)：176-185.

［7］ Park Y K，Tadd E H，Zubris M，et al. Size-controlled synthesis of alumina nanoparticles from aluminum alkoxides［J］. Materials Research Bulletin，2005，40 (9)：1506-1512.

［8］ Lee Y，Hahm Y M，Lee D. Optimum conditions to prepare spherical alumina powder with controlled aggregation under the W/O emulsion method［J］. Journal of

Industrial and Engineering Chemistry, 2004, 10(5): 826 - 833.

[9] Buelna G, Lin Y S. Preparation of spherical alumina and copper oxide coated alumina sorbents by improved sol-gel granulation process[J]. Microporous and Mesoporous Materials, 2001, 42(1): 67 - 76.

[10] Wang Z, Lin Y S. Sol-gel synthesis of pure and copper oxide coated mesoporous alumina granular particles[J]. Journal of Catalysis, 1998, 174(1): 43 - 51.

[11] Buelna G, Lin Y S. Sol-gel-derived mesoporous γ-alumina granules[J]. Microporous and Mesoporous Materials, 1999, 30(2 - 3): 359 - 369.

[12] Liu P, Feng J, Zhang X, et al. Preparation of high purity spherical γ-alumina using a reduction-magnetic separation process[J]. Journal of Physics and Chemistry of Solids, 2008, 69(4): 799 - 804.

[13] Ismagilov Z R, Shkrabina R A, Koryabkina N A. New technology for production of spherical alumina supports for fluidized bed combustion[J]. Catalysis Today, 1999, 47(1 - 4): 51 - 71.

[14] Suresh K, Selvarajan V, Vijay M. Synthesis of nanophase alumina, and spheroidization of alumina particles, and phase transition studies through DC thermal plasma processing[J]. Vacuum, 2008, 82(8): 814 - 820.

[15] Lu J, Liu S, Deng C. Facile synthesis of alumina hollow spheres for on-plate-selective enrichment of phosphopeptides[J]. Chemical Communications, 2011, 47(18): 5334 - 5336.

[16] Chowdhury S A, Maiti H S, Biswas S. Synthesis of spherical Al_2O_3 and AlN powder from $C@Al_2O_3$ composite powder[J]. Journal of Materials Science, 2006, 41(15): 4699 - 4705.

[17] Zhou J, Tang C, Cheng B, et al. Rattle-type carbon-alumina core-shell spheres: synthesis and application for adsorption of organic dyes[J]. ACS Applied Materials & Interfaces, 2012, 4(4): 2174 - 2179.

[18] Ingebrethsen B J, Matijević E, Partch R E. Preparation of uniform colloidal dispersions by chemical reactions in aerosols: Ⅲ. Mixed titania/alumina colloidal spheres[J]. Journal of Colloid and Interface Science, 1983, 95(1): 228 - 239.

[19] Tartaj P, Tartaj J. Preparation, characterization and sintering behavior of spherical iron oxide doped alumina particles[J]. Acta Materialia, 2002, 50(1): 5 - 12.

第 7 章
配套系统

配套系统的主要功能是为反应堆及同位素提取系统正常运行提供生产保障。配套系统主要包括辐射监测系统、废物处理系统、造水及补水系统、燃料储存与添加系统、铀回收系统、燃料纯化系统、取样系统、消防系统、通风空调系统、供电系统等。

7.1 辐射监测系统

根据溶液型医用同位素生产试验堆辐射防护设计的要求,为保护工作人员、公众和环境的辐射安全,满足溶液型医用同位素生产堆在正常运行、检修维护、事故应急中的辐射监测需要,设置辐射监测系统。辐射监测系统主要包括工作场所监测系统、控制区出入监测系统、个人剂量监测系统、流出物监测系统、辐射环境监测系统 5 个子系统。

在正常运行工况下,辐射监测系统应能提供必要的数据信息,使运行人员和辐射防护人员对反应堆各系统及厂房各区域的辐射状态、流出物的放射性水平有全面的了解;在偏离正常运行的情况下,辐射监测系统能发出报警信号,向相关控制系统发出触发信号进行相关控制,或者为事件/事故处置决策提供参考数据。

7.1.1 工作场所监测

1) 监测目的

工作场所监测的目的如下。

(1) 让工作人员及时了解工作场所的空间 γ 射线辐射水平及其变化情况,以确保工作人员处于符合防护要求的环境,同时能及时发现偏离上述要求的情况并根据阈值设定进行报警,以利于及时纠正或采取补救的防护措施,从而防止或及时发现超剂量照射事件的发生。

（2）了解工作场所空气中的放射性活度浓度,避免工作人员吸入过量放射性物质,以保证工作人员的辐射安全,定期对工作场所空气放射性进行监测,以便制订或评价人员防护措施,评估人员受照剂量。

（3）及时发现表面污染状况,以便采取去污或其他防护措施。

2）监测内容

工作场所监测包括区域 γ 射线辐射监测、空气放射性监测、表面污染监测。区域 γ 射线辐射监测的内容为工作场所固定位置的周围剂量当量率,空气放射性监测的内容为工作场所中气溶胶、碘、氚和碳-14 活度浓度,表面污染监测的内容为工作场所的工作台面、地面、设备表面、墙壁等的 α 射线/β 射线表面活度。

3）系统功能

工作场所监测的功能：工作场所特定区域 γ 射线辐射水平的连续监测和记录,当 γ 射线辐射水平超过设定阈值时发出声光报警,对空气放射性进行实时监测或取样监测,对表面污染进行直接测量或擦拭取样测量。

4）系统简述

工作场所监测系统包括区域 γ 射线辐射监测系统、空气放射性监测系统、表面污染监测系统。

区域 γ 射线辐射监测系统由多个监测点组成,每个监测点由探测器、就地处理单元和报警单元组成。各个就地处理单元通过数据总线将监测数据传输给中央处理器,实现监测数据的集中管理。对于临时放射性作业或固定式监测系统不能覆盖的区域,使用便携式监测设备完成现场监测。

空气放射性监测系统包括取样设备和测量设备,气溶胶和碘的取样主要使用固定式空气取样器和移动式空气取样器完成,氚、碳-14 的取样使用便携式取样器进行。样品送实验室,用低本底 α 射线/β 射线测量仪进行总 α 射线/总 β 射线测量,使用 HPGeγ 能谱测量系统进行气溶胶 γ 核素分析和碘样品分析测量,使用超低本底液闪测量仪进行氚、碳-14 测量。

表面污染监测系统包括便携式表面污染仪和擦拭样品测量仪,完成表面污染监测。

5）系统主要参数

（1）区域 γ 监测。区域 γ 监测仪分为两类,在量程上有所区别,适用于不同辐射水平的场所监测,主要技术指标如下。

① GM 型 γ 监测仪:探测射线为 γ 射线;能量范围为 80 keV～1.5 MeV;测量范围为 0.1 μGy/h～10 mGy/h。

② 电离室型 γ 监测仪:探测射线为 γ 射线;能量范围为 60 keV～7 MeV;测量范围为 10 μGy/h～10 Gy/h。

(2) 空气放射性监测。取样监测系统主要有固定式空气取样器、移动式空气取样器、氚取样器、碳-14 取样器、低本底 α 射线/β 射线测量仪、超低本底液闪分析仪、HPGeγ 能谱测量系统等。设备的主要技术指标如下。

① 固定式空气取样器:加滤纸后取样器流量可在 0～6 m^3/h 范围内连续调节;滤纸尺寸为 ϕ 50 mm;取样方式为定时、定量、手动。

② 移动式空气取样器:普通流量范围为 0～400 L/min,大流量范围为 400～1 400 L/min;过滤效率为气溶胶不小于 95％,碘不小于 95％;取样方式为定时、定量、手动。

③ 低本底 α 射线/β 射线测量仪:本底为 β 射线小于 1.5 cpm,α 射线小于 0.1 cpm;α 射线探测效率为 ^{241}Am 不小于 40％,β 射线探测效率为 ^{90}Sr/^{90}Y 不小于 50％;测量通道有 4 个,可同时测量 4 个样品。

④ 超低本底液闪分析仪:^{3}H 非淬灭样品计数效率不小于 60％;^{3}H 非淬灭条件下的本底(0～18.6 keV)不大于 20 cpm(低钾玻璃瓶);^{14}C 非淬灭样品计数效率不小于 95％;^{14}C 在非淬灭条件下的本底(0～156 keV)不大于 25 cpm(低钾玻璃瓶);^{3}H 在淬灭条件下计数本底小于 1.5 cpm(20 mL,满足效率大于 26％的前提);^{14}C 在淬灭条件下计数本底小于 2.5 cpm(5 mL 聚四氟乙烯瓶,满足效率大于 70％的前提);探测下限为 1.0 Bq/L(8 mL 蒸馏水＋12 mL LLT 闪烁液,测量时间为 1 000 min)。

⑤ HPGeγ 能谱测量系统:探测器为宽能型同轴 HPGe 探测器;相对探测效率不小于 60％(对^{60}Co 的 1.33 MeV 峰);能量分辨力不大于 1.95 keV(对 1.33 MeV 峰^{60}Co);能量分辨力不大于 0.7 keV(对 122 keV 峰^{57}Co);能量测量范围为 3 keV～10 MeV;最大数据通过率为 100 000 cps;配套铅室采用顶开门设计。

(3) 表面污染监测。表面污染监测工具有便携式表面污染测量仪与擦拭样品测量仪 2 种。① 便携式表面污染测量仪:探测射线为 α 射线、β 射线;探测器为塑料闪烁体(ZnS:Ag 涂层);探测效率为^{137}Cs 大于 35％,^{241}Am 大于 20％,^{90}Sr 大于 40％;测量误差不大于±15％。② 擦拭样品测量仪:探测射线为 α 射线、β 射线;探测效率为^{241}Am 不小于 30％,(^{90}Sr/^{90}Y)不小于 30％。

7.1.2 控制区出入监测

在同位素生产试验堆辐射分区的控制区出入口设置人体放射性污染监测设备和小件物品放射性污染监测设备。包括全身 γ 污染监测仪(C1 门)、全身 α、β 表面污染监测仪(C2 门)和小件物品放射性监测仪。

1) 监测目的

对出入控制区的人员和物品进行管控,对退出控制区的人员和物品进行监测,以保证退出控制区的人员及物品无污染。

2) 监测内容

对出入控制区的人员进行全身 γ 污染监测和全身 β 表面污染监测,以及对离开控制区的小件物品、工具进行放射性污染测量。

3) 系统功能

对退出控制区的人员全身 γ 污染、全身 β 表面污染进行监测,对退出控制区的小件物品放射性进行监测,具备显示测量结果和超阈值报警功能。

4) 系统简述

控制区出入监测系统包括全身 γ 污染监测仪(C1 门)、全身 β 表面污染监测仪(C2 门)、小件物品放射性监测仪。C1 门用于对退出控制区工作人员的 γ 污染监测,C2 门用于对离开控制工作人员体表的 α/β 污染测量,小件物品放射性监测仪用于对离开控制区的小件物品、工具的放射性测量。

当工作人员离开控制区时,首先进入 C1 门测量区,完成对全身 γ 污染测量。当检测到有 γ 污染时,监测仪将发出报警信号,工作人员应退出测量区,脱去有污染的工作服后再进行测量,直至能通过 C1 门的检测。工作人员通过 C1 门后通过去污间进入 C2 门进行测量区,完成对身体各个部位的 α/β 污染测量,监测仪以图形方式显示被测人员的污染部位和测量结果及语音提示,以便被测人员针对性地进行去污。C2 带有门禁装置,仅允许测量结果满足要求的工作人员通过;测量结果不满足要求的工作人员需返回淋浴间进行洗浴去污,直至测量结果满足要求。全身污染仪设有紧急按钮,便于在紧急情况下允许工作人员无条件通过。

5) 系统主要参数

(1) 人员体表污染监测:分全身 γ 污染监测与全身 α/β 污染监测。全身 γ 污染监测的探测射线为 γ 射线,最小可探测活度为 1 200 Bq(^{60}Co)。全身 α/β 污染监测的探测射线为 α/β 射线,分两步测量,测量范围覆盖人体全身,最低可探测活度为 0.4 Bq/cm² (测量时间为 10 s)。

（2）小件物品放射性监测：测量腔室具有铅屏蔽；最低可探测活度为 140 Bq（⁶⁰Co，测量时间为 10 s）。

7.1.3　个人剂量监测

个人剂量监测包括外照射监测和内照射监测。外照射监测是指通过测量来自人体外的电离辐射给人体带来的辐射剂量来评价人体辐射安全的方法，外照射监测由外照射监测系统完成。内照射监测指通过测量来自人体内的电离辐射给人体带来的辐射剂量来评价人体的辐射安全的方法，内照射监测由内照射监测系统完成。

1）监测目的

个人剂量监测的目的是通过对工作人员所受的照射剂量进行监测，评价工作人员受到的辐射伤害程度，保障工作人员的生命安全和健康。

2）监测内容

个人剂量监测包括外照射个人监测和内照射个人监测，外照射个人剂量测量又包括中子剂量测量和 γ 剂量测量，中子剂量测量针对在可能有中子辐射的场所工作的人员，γ 剂量测量针对从事放射性工作的所有人员。内照射个人监测主要是对体内或排泄物中放射性核素的种类和活度进行的监测。

3）系统功能

对工作人员所受的 γ 射线外照射剂量进行监测，对工作人员所受的中子外照射剂量进行监测，对工作人员所受的内照射个人剂量进行监测。

4）系统简述

个人剂量监测系统包括热释光剂量测量系统、直读式个人剂量测量系统、个人剂量管理系统、内照射活体测量系统。

热释光剂量测量系统主要由热释光剂量计、读出仪、退火炉和数据处理计算机组成。热释光剂量计受射线照射时能储存部分辐射能，它被读出器加热，这部分能量以发光的形式放出并由电路系统收集，经控制系统处理后存入数据存储器供显示、打印和调用。

直读式个人剂量测量系统包括直读式 γ 个人剂量计、直读式中子个人剂量计和剂量读出仪。直读式个人剂量计可以即时显示工作人员操作现场的 γ 射线或中子辐射水平，如果现场辐射水平超过设定的阈值，仪器将报警。剂量读出仪具备对剂量计数据读出和进行数据清零等功能。

个人剂量管理系统由个人剂量管理服务器(含软件系统)和工作站组成。该系统读出、显示并存储工作人员受照剂量测量结果,建立人员个人剂量电子档案,并可根据授予的权限提供个人剂量查询服务。

内照射活体测量系统包含 2 台 HPGeγ 探测器和 1 台 NaI 探测器,采用体外直接测量的方法,可对人体内 γ 放射性核素活度进行测量。

5) 系统主要参数的监测

系统主要参数的监测包括 2 个方面:外照射个人监测与内照射个人监测。

(1) 外照射个人监测:监测设备包括热释光剂量测量设备、直读式 γ 剂量计、直读式中子剂量计、剂量读出仪、个人剂量管理系统。热释光剂量测量设备的热释光材料为 LiF,衰减特性小于 3%(30 d 内),能量范围为 0.015~3.0 MeV,测量范围为 10 μSv～10 Sv。直读式 γ 剂量计的能量范围为 50 keV～3 MeV,剂量率范围为 0.1 μSv/h～1 Sv/h,累积剂量范围为 1 μSv～1 Sv。直读式中子剂量计的能量范围为 0.025 eV～3 MeV,剂量率范围为 0.1 μSv/h～1 Sv/h,中子剂量率范围为 10 μSv/h～1 Sv/h,累积剂量范围为 10 μSv～1 Sv。剂量读出仪提供对直读式剂量计的数据清零、读出和显示功能,并通过以太网接口将剂量数据上传至数据服务器。个人剂量管理系统具备热释光剂量计测量数据的读出与存储功能,以及直读式个人剂量计测量数据的读出和存储功能;同时,提供数据查询统计与报表生成等功能;还可以提供数据查询网络接口,可根据人员 ID 向网络终端提供数据,第三方设备可据此提供出入控制功能。

(2) 内照射个人监测:测量方法为体外直接测量;测量核素为 γ 放射性核素;可测身体部位为甲状腺、胸、腹;能量分辨力不大于 2.0 keV(1.33 MeV);测量效率为 10 min/人。

7.1.4 流出物监测

流出物监测包括气载流出物监测和液态流出物监测。

1) 监测目的

流出物监测的目的是检验溶液型医用同位素生产堆放射性流出物是否满足相关标准要求,探测和鉴别非计划的异常排放,并为环境影响评价提供源项数据。

2）监测内容

流出物监测包括气载流出物监测和液态流出物监测。气载流出物监测是对气载流出物中的气溶胶、碘、惰性气体、氚和碳-14进行监测。液态流出物监测是利用低放水连续监测仪对放射性废物进行 γ 核素活度监测。

3）系统功能

流出物监测系统的功能如下：对气载流出物中的气溶胶、碘、惰性气体进行实时监测，对气载流出物中氚和碳-14进行取样测量；对液态流出物放射性活度浓度进行实时监测，并在检测到放射性活度浓度超过管理限值时发出触发信号中止排放。

4）系统简述

流出物监测系统包括气载流出物监测系统和液态流出物监测系统。

气载流出物监测系统主要由取样回路、连续监测通道和取样通道组成。其中，连续监测通道包括用于正常运行工况的气溶胶、碘、惰性气体监测通道，以及用于事故后监测的高量程惰性气体监测通道，取样通道包括气溶胶、碘、惰性气体、氚、碳-14取样通道。

液态流出物监测系统由低放水监测仪、阀门、管道、流量计、泵及取样回路组成。取样回路从排放总管取水样，经低放水连续监测仪测量后，再返回排放总管。低放水在线监测仪实时给出排放水的活度浓度，监测数据在辐射监测工作站和三废处理系统控制室工作站同步显示。当测量值超过设定阈值时，监测设备将发出报警信号，并通过关闭总排放口以中止排放。

5）系统主要参数的监测

系统主要参数的监测分为两类：气载流出物监测与液态流出物监测。

（1）气载流出物监测：气溶胶测量范围对于 α 射线是 $3.70 \times 10^{-2} \sim 3.70 \times 10^{6}$ Bq/m^3；对于 β 射线是 $3.70 \sim 3.70 \times 10^{6}$ Bq/m^3。碘测量范围为 $3.70 \sim 3.70 \times 10^{6}$ Bq/m^3。正常量程的惰性气体的测量范围为 $3.70 \times 10^{3} \sim 3.70 \times 10^{9}$ Bq/m^3。事故量程的惰性气体测量范围为 $3.70 \times 10^{8} \sim 3.70 \times 10^{15}$ Bq/m^3。

（2）液态流出物监测：测量射线为 γ 射线；测量范围为 $3.70 \times 10^{3} \sim 3.70 \times 10^{9}$ Bq/m^3；能量范围为 80 keV～3 MeV。

7.1.5　辐射环境监测

辐射环境监测是指根据国家法规、标准要求，在溶液型医用同位素生产试验堆周围一定范围内,定期对环境辐射水平、环境空气辐射水平、环境介质辐射水平、环境中生物介质辐射水平进行监测,以评价溶液型医用同位素生产试验堆的运行对环境的影响情况。

1) 监测目的

辐射环境监测的目的是监测溶液型医用同位素生产试验堆放射性废物排放情况,评价试验堆的运行对周边环境的影响,确认公众受照剂量低于法定限值。

2) 监测内容

辐射环境监测的内容主要包括环境辐射水平监测、环境介质监测。

环境辐射水平监测包括正常工况和应急条件下的区域环境 γ 剂量率监测、环境气溶胶放射性活度浓度连续监测。环境介质监测包括空气、沉降物、降水、地表水、地下水、饮用水、底泥、陆生植物、陆生指示生物、家畜、土壤等对象中的放射性监测。

3) 系统功能

辐射环境监测系统的功能如下:实现对环境中 γ 辐射水平的实时监测,实现对环境中气溶胶放射性活度浓度的连续监测,实现对环境介质的定期取样测量。

4) 系统简述

辐射环境监测系统包括区域环境 γ 辐射监测系统、固定式环境气溶胶连续监测仪、多种环境介质取样器和测量仪器。其中,区域环境 γ 辐射监测系统由环境 γ 辐射监测站、环境监测车及中央控制系统构成。多种环境介质取样器和测量仪器包括高纯锗 γ 谱仪、低本底 α/β 测量仪、大面积低本底 α/β 计数器、超低本底液体闪烁谱仪、环境 γ 剂量率仪、便携式气溶胶/碘取样仪、落下灰取样装置、氚氧化制样仪、空气中氚碳取样装置等。

5) 系统主要参数的监测

系统主要参数的监测包括两个方面:环境辐射水平监测与环境介质监测。

(1) 环境辐射水平监测。区域环境 γ 辐射监测的探测射线为 γ 射线,能量响应范围为 $60\ \text{keV} \sim 3\ \text{MeV}$,测量范围为 $10\ \text{nSv/h} \sim 100\ \text{mSv/h}$,误差不大于 $\pm 15\%$。固定式环境气溶胶连续监测对于 α 射线的测量范围为 $10^{-2} \sim 3.7 \times 10^6\ \text{Bq/m}^3$,对于 β 射线的测量范围为 $1 \sim 3.7 \times 10^6\ \text{Bq/m}^3$。对于 α 射线的能量范围为 $2 \sim 10\ \text{MeV}$;对于 β 射线的能量范围为 $80\ \text{keV} \sim 2.5\ \text{MeV}$;对于 γ 射线的能量范围为 $80\ \text{keV} \sim 2.5\ \text{MeV}$。在滤纸方面,对于直径为 $4\ \mu\text{m}$ 的微粒效

率大于 99.99%，体积流量为 35 L/min。

（2）环境介质监测。高纯锗 γ 谱仪主要用于应急环境样品中 γ 核素（如 ^{60}Co，^{137}Cs 等）分析和活度浓度测量。主要性能指标：探测器相对效率不小于 40%；探测器能量分辨率不大于 1.90 keV（对应 1 332.5 keV），不大于 875 eV（对应 122 keV）；峰康比不小于 60（对 ^{60}Co）；多道分析器道数为 16 000。低本底 α/β 测量仪主要用于应急环境样品中的 α 射线和 β 射线测量。主要性能指标：本底 β＜1 cpm，α＜0.05 cpm；α 射线的能量范围为 4～8 MeV，β 射线的能量范围为 0～2 MeV；探测效率方面，对于 α 射线，^{241}Am 不低于 40%，^{210}Po 不低于 40%，对于 β 射线，^{90}Sr/^{90}Y 不低于 50%，^{137}Cs 不低于 20%；稳定性方面，仪器通电通气时间为 24 h，各路 α 效率变化小于 3%，β 效率变化小于 10%，串道率小于 1/100 000。大面积低本底 α/β 计数器主要用于应急环境气溶胶样品中 α 射线和 β 射线的直接快速测量。主要性能指标：样品直径为 100 mm；本底为 α 射线小于 0.05 cpm，β 射线小于 0.45 cpm；效率方面，对于 α 射线，^{241}Am 不低于 40%，^{210}Po 不低于 40%，^{230}Th 不低于 40%，对于 β 射线，Sr/^{90}Y 不低于 50%，^{137}Cs 不低于 20%，^{99}Tc 不低于 40%；探测下限方面，对于 ^{241}Am 为 60 mBq，对于 ^{90}Sr/^{90}Y 为 50 mBq。超低本底液体闪烁谱仪主要用于应急环境样品中 ^{3}H，^{14}C 等低能 β 核素的活度浓度测量。主要性能指标：能量响应范围为 0～3 MeV；效率为 ^{3}H 不低于 65%，^{14}C 不低于 95%，α 大于 95%；本底为 ^{3}H 小于 1.5 cpm，^{14}C 小于 0.5 cpm，α 小于 0.1 cpm；探测效率为 ^{3}H 不低于 65%，^{14}C 不低于 95%。环境 γ 剂量率仪的测量范围不小于 0.01～100 μSv/h；能量测量范围为 80 keV～3 MeV；分辨率不低于 0.01 μSv/h；相对固有误差小于 ±15%。便携式气溶胶/碘取样仪的气溶胶采样器体积流量范围不小于 340 L/min；碘采样器体积流量范围不小于 200 L/min；碘采集效率不低于 90%；气溶胶滤膜采集效率不低于 99%；采样模式为自动连续采样、定时采样、定量采样；数字显示瞬时、累积、最大和最小流量，流量范围大小连续可调。落下灰取样装置实现自动采样、自动记录采用数据；具备漏电保护功能，确保操作人员的安全；具有停电数据保护功能；具备防雷击保护功能。氚氧化制样仪的氚捕获方式为冷凝法吸收，收集效率大于 90%；碳-14 的捕获方式为氢氧化钠溶液吸收，收集效率大于 90%；样品燃烧效率大于 95%。空气中氚碳取样装置的捕集率不小于 90%；体积流量范围至少为 0～5 L/min，流量值连续可调。

7.2 废气处理系统

废气处理系统用于转运并净化处理相关工艺系统产生的放射性气体和发生事故时可能产生的放射性裂变气体,保证经过本系统处理后排入大气的气载流出物中放射性核素总量符合要求,以保证现场工作人员和周围环境居民的身体健康不受损害。

依据各工艺的不同功能、用途以及所产生放射性废气的不同种类,废气处理系统可划分为 2 个相互独立的废气处理子系统,分别为放射性废气处理系统和工艺排气系统。

1) 源项描述

放射性废气处理系统承担反应堆气体复合系统及相关系统产生的放射性气体的处理。该部分放射性气载废物主要包括 ^{131}I、^{125}I、^{129}I、^{133}Xe、^{85}Kr 等裂变产物,另外还包括水洗脱氮后未完全反应的 N_2、O_2、NO_x、H_2 等气体,以及挥发的水汽。

工艺排气系统承担废液处理相关系统、废树脂收集衰变系统等系统设备产生的放射性气体的净化和排放。该部分放射性气载废物主要为液滴、气溶胶和粉尘等。

2) 工艺描述

放射性废气处理系统设计采用加压储存衰变及活性炭滞留衰变两种方式,包括 1 台暂存罐、2 台隔膜压缩机(一用一备)、8 台衰变箱、2 台碱洗塔(一用一备)、1 台冷凝装置(配套冷水机组)、2 台干燥装置(一用一备)、4 台滞留床(2 台串联为 1 组,2 组并联互为备用)及配套阀门、仪表和管线。放射性废气处理系统工艺流程如图 7-1 所示。

上游系统排出的放射性废气先经过暂存罐进行缓冲暂存。堆运行周期为每年运行 100 次,每次运行 48 h,停堆 24 h。因此,根据堆运行周期确定本系统的运行流程:气体复合系统在运行期间产生的废气排至暂存罐内,待运行结束后,暂存 12 h,然后通过压缩机将暂存罐内的废气加压后排至衰变箱中,单个衰变箱接收 2 个运行周期的废气,接收完成后进行储存衰变,待储存 36 d 后,排往后端的滞留衰变单,同时切换至另一个衰变箱接收前端废气。衰变箱排入活性炭滞留衰变部分的废气流量可进行调节,调节范围为 0.5~3 m^3/h,排出的废气先进入碱洗塔中,气流中的酸性成分被碱洗装置中的碱液中和吸收,后进入 1 台冷凝装

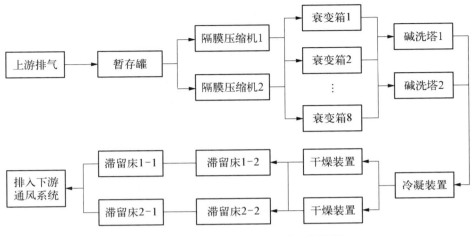

图 7 - 1　放射性废气处理系统工艺流程

置中,冷凝装置使用冷水机组循环制冷,将出口气流温度控制在 25 ℃以下,经过冷却的气体进入干燥装置中,通过干燥将气流湿度控制在 20% 以下,避免湿度过大而降低滞留装置的吸附性能。干燥后的废气进入滞留床中,废气中的惰性气体成分被活性炭吸附,形成不断吸附、解吸的动态平衡,在动态吸附过程中进行衰变,保证出口废气的放射性活度降低至预设水平以下。

　　工艺排气系统由捕集器、丝网除雾器、过滤器、高压风机及相应的管道、阀门和仪表等组成。工艺排气系统工艺流程如图 7 - 2 所示。

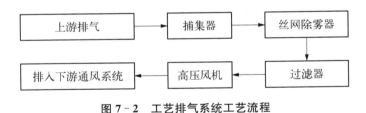

图 7 - 2　工艺排气系统工艺流程

　　废气在自身压力或风的抽吸作用下,依次通过捕集器、丝网除雾器、过滤器,净化气体中的含尘颗粒,经过处理的气体达标后经烟囱排放。捕集器和丝网除雾器对废气进行初级过滤,用于去除废气中 10 μm 级的液滴、气溶胶和粉尘等物质;过滤器对废气做进一步的净化处理,对废气中大于 0.3 μm 的微粒和碘进行有效的吸附过滤。

　　废气处理系统主要参数如下:

　　(1) 衰变箱衰变时间大于 36 d;

（2）碱洗装置有效容积大于 25 L 且对 NO_x 酸性气体的去除效率为 99%；

（3）冷凝装置气体出口温度小于 25 ℃；

（4）干燥装置气流出口湿度小于 20%；

（5）滞留装置出口处的气态放射性流出物活度满足排放要求；

（6）系统对气体中大于 0.3 μm 的微粒过滤效率大于 99.99%。

废气处理系统各设备参数如表 7-1 所示。

表 7-1　废气处理系统各设备参数

序号	物项名称	主　要　参　数
1	缓冲罐	（1）设计压力：1.8 MPa； （2）设计温度：60 ℃； （3）有效容积：60 m³
2	隔离阀	（1）设计压力：0.8 MPa； （2）设计温度：60 ℃； （3）阀门类型：截止阀
3	衰变箱	（1）有效容积：20 m³； （2）设计温度：60 ℃； （3）设计压力：1.2 MPa
4	滞留床	（1）有效容积：2.1 m³； （2）设计温度：60 ℃； （3）设计压力：0.3 MPa； （4）额定体积流量：2.0 m³/h； （5）额定流量下单床滞留时间：对 Kr，≥18 h；对 Xe，≥18 d
5	压缩机	（1）体积流量：38 m³/h； （2）压力：0.7 MPa
6	碱洗塔	（1）设计温度：60 ℃； （2）设计压力：0.3 MPa； （3）氮氧化物去除效率：≥99%
7	冷凝装置	（1）制冷量：≥13 kW/h； （2）制冷管路耐压：0.3 MPa； （3）出口气体相对湿度：<60%
8	干燥装置	（1）设计温度：60 ℃； （2）设计压力：0.3 MPa； （3）出口气体相对湿度：<20%

(续表)

序号	物项名称	主 要 参 数
9	再生装置	再生温度：>100 ℃
10	管式碘吸附器	(1) 过滤效率：≥99.9%； (2) 额定体积流量：2 m³/h

7.3 废液处理系统

废液处理系统的功能是收集、处理各种放射性废液，使之满足国家相关标准规定的排放要求后排入受纳水体。该系统主要由废液接收储存系统、干燥成盐系统、离子交换系统、液态流出物排放系统、酸碱制备系统构成。

废液处理系统主要参数如下。

(1) 废液储存能力：40 m³ 低放废液，60 m³ 中放废液，20 m³ 洗消废液，200 m³ 消防废液。

(2) 干燥成盐系统处理能力为 12 L/h，净化系数为 1 000。

(3) 离子交换系统处理能力为 1 m³/h，单柱净化系数为 10。

(4) 排放水槽储存能力为 40 m³，排放能力为 10 m³/h。

废液处理系统主要设备参数如表 7-2 所示。

表 7-2　废液处理系统主要设备参数

设 备	项 目	内 容
中放、低放废液收集槽	有效容积/m³	20
	材质	022Cr17Ni12Mo2
	工作介质	放射性废液
废液循环泵	体积流量/(m³/h)	8.5
	扬程/m	16
废液上料泵	体积流量/(m³/h)	1~2.3
	扬程/m	20

(续表)

设　　备	项　　目	内　　容
洗消废液转运泵	体积流量/(m³/h)	10.5
	扬程/m	36
消防废液转运泵	体积流量/(m³/h)	50
	扬程/m	50
净化水泵	体积流量/(m³/h)	10.5
	扬程/m	9
排放水泵	体积流量/(m³/h)	10
	扬程/m	52
酸泵、碱泵、调料泵	体积流量/(m³/h)	1.5
	扬程/m	22
离子交换柱	设计温度/℃	100
	设计压力/MPa	0.5
	有效容积/m³	0.2
酸配制罐、碱配制罐、调料罐	有效容积/m³	2
	材质	022Cr17Ni12Mo2
	工作介质	酸、碱、盐溶液
冷凝冷却器	主要材料	不锈钢
	容积/L	10
计量容器	主要材料	不锈钢
	微波发生器功率/kW	6
干燥装置	主要材料	加热桶罩材料采用022Cr17Ni12Mo2,其余部件材料采用06Cr19Ni10

1）废液接收储存系统

废液接收储存系统的主要功能是收集、储存各个系统运行检修产生的放射性废液。反应堆产生的放射性废液主要有反应堆工艺废液、实验室废液、洗消废液等，拟建溶液型医用同位素生产试验堆年产生废液量预计不超过 $100 \ m^3$。各种废液的来源及产生量如表 7-3 所示。

表 7-3　同位素生产试验堆放射性废液来源及废液量

序号	废 液 来 源	废液量	废液类型	备　注
1	同位素提取系统工艺废液	$16 \ m^3/a$	中放	
2	热室系统废液	$2 \ m^3/a$	中放	
3	一次冷却水系统废液	$1 \ m^3/a$	低放	
4	生产线相关实验室产生的废液	$5 \ m^3/a$	低放	
5	废树脂溢流水	$5 \ m^3/a$	低放	
6	废气碱洗废水	$15 \ m^3/a$	低放	
7	冲洗、去污淋浴排水	$200 \ m^3/a$	洗消废液	一般<10 Bq/L
8	反应堆大修排水	$80 \ m^3/次$	低放	一般<30 Bq/L
9	消防排水	$180 \ m^3/次$	低放	一般<10 Bq/L

注：中放废液活度浓度 $4 \times 10^6 \ Bq/L \leqslant A_v \leqslant 4 \times 10^{10} \ Bq/L$；低放废液活度浓度 $A_v < 4 \times 10^6 \ Bq/L$。

废液接收储存系统主要由中放废液收集槽、低放废液收集槽、洗消废液收集槽、消防废液收集槽及相应的管道、阀门、仪表等组成。系统设置 3 个中放废液收集槽，每个收集槽有效容积为 $20 \ m^3$，用于同位素提取工艺废液和热室系统工艺废液；设置 2 个低放废液收集槽，每个收集槽有效容积为 $20 \ m^3$，用于接收一次冷却水系统、生产线相关实验室产生的废液、废树脂溢流水、废气碱洗废水等低放废液；设置 2 个洗消废液收集槽，用于接收冲洗、淋浴、去污等废水，每个储槽有效容积为 $10 \ m^3$；设置 1 个消防废水池，用于收集火灾时产生的消防用水，有效容积为 $200 \ m^3$。

系统收集的洗消废液和消防废液应监测其放射性活度浓度。如放射性活度浓度小于 10 Bq/L，则排入工业下水排放，如不满足要求则经过短时间的储存衰变或返回废液收集槽进行处理。

为实现废液自流收集,需将废液接收储存系统的废液槽与各产生放射性废液的系统设备错层布置,废液接收槽集中布置在设有地坑的房间,地坑中设置液位检测信号,用于及时发现废液箱泄漏事件。废液接收的布置和安装应考虑辐射防护最优化的要求。在邻近废液接收布置区域设置废液转运泵和上料泵,废液转运泵兼顾废液循环、倒槽的功能。

废液接收储存系统工艺流程如图 7-3 所示。

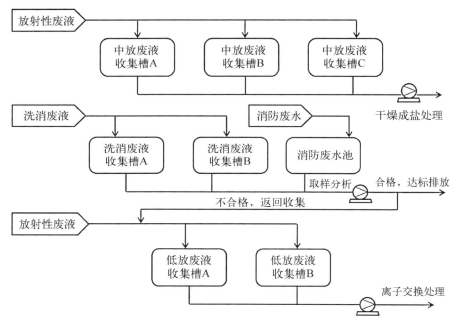

图 7-3 废液接收储存系统工艺流程

2) 干燥成盐系统

可采用干燥成盐工艺使放射性废液最终形成盐体。干燥成盐系统主要用于处理同位素提取系统和热室系统的中放废液和废气碱洗产生的高盐低放废液,处理能力约为 12 L/h,净化系数约为 1 000,采用微波加热方式进行干燥,干燥成盐工艺流程如图 7-4 所示。

放射性废液经进料缓冲罐后由进料管路(计量容器)输送进干燥桶,桶内料液经微波加热产生蒸汽进入冷凝冷却器进行冷凝冷却,形成的冷凝液经管路输送至冷凝液罐进行收集,冷凝液经取样检测,若合格便排放至下游

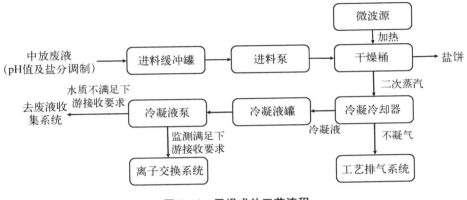

图 7‑4　干燥成盐工艺流程

离子交换系统进行深度进化,若不合格则返回至废液收集系统待进一步处理。干燥产物则留在干燥桶,当干燥完成时,干燥桶经辊道传输,取封盖装置封盖并做表面剂量测量后转运至固体废物收集间。干燥桶通过在同位素生产试验堆厂房的吊车装入Ⅷ标准钢箱,送至暂存库水泥固定后暂存待外运处置。

3) 离子交换系统

离子交换系统用于处理干燥成盐系统形成的低放冷凝液和其他低放废液。处理能力约为 1 m³/h,单柱净化系数约为 10。

系统由冷凝液收集槽、上料泵、1 根阳柱、1 根阴柱、3 根混柱、前置过滤器、树脂过滤器、交换柱出水活度监测装置、阀门和管道等组成。系统工艺流程如图 7‑5 所示。

离子交换系统的目的主要在于去除原水中的放射性阳离子。阴柱主要作用为中和阳柱交换下来的 H^+,以便于混柱发挥其交换能力;起净化作用的主要是阳柱和混柱。放射性废液依次经过阳柱、阴柱和 1 根混柱后,净化系数理论上可达到 100。根据不同废液的活度浓度和废液净化的需要,废液经过阳柱、阴柱和 1 根混柱后可继续进入另外 2 根混柱,或直接进入 2 根混柱中的 1 根进行净化处理。经交换柱处理后废液通过活度在线监测,放射性活度浓度小于 37 Bq/L 的废液进入排放水槽,大于 37 Bq/L 的返回冷凝液收集槽重新处理。

4) 液态流出物排放系统

液态流出物排放系统的主要功能是对处理后满足排放要求的废液进行接收、暂存和排放。系统主要设备有排放水槽、排放泵及相应的阀门、管道和仪

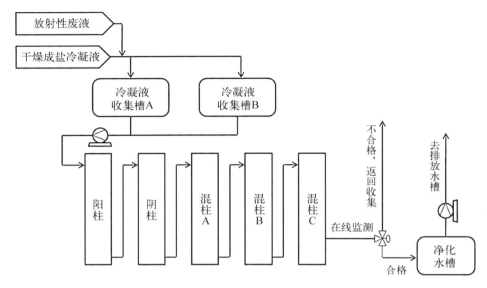

图 7‑5 离子交换工艺流程

表等。排放方式为槽式排放,排放泵兼具混合循环的功能,可实现待排水的代表性取样。在排放管道上设置在线监测装置。设置 2 个排放水槽,单个排放水槽的有效容积为 20 m³。设有 2 台排放泵,额定排放体积流量约为 10 m³/h。

当排放水槽取样分析结果中放射性活度浓度小于 37 Bq/L 时,对排放口水文条件进行观测,经科室、所级管理部门审批通过后方可通过室外排放管线进行排放。当槽内废液分析结果中放射性废液活度浓度大于等于 37 Bq/L 时,将废液转至低放废液收集槽系统重新进行处理。在排放管道上设置放射性活度浓度 γ 在线连续监测装置,设有报警与联锁功能,当放射性液态流出物的排放活度浓度超过联锁报警阈值或监测装置发生故障时,信号远传至主控室,发出声和光报警信号,自动停止排放。

系统工艺流程如图 7‑6 所示。

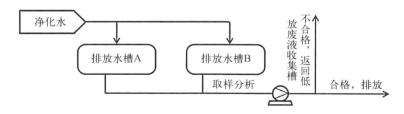

图 7‑6 液态流出物排放系统工艺流程

5) 酸碱制备系统

系统主要由调盐配制罐、硝酸配制罐、碱配制罐、泵及相应的阀门管道等组成,用于配制酸碱溶液及干燥成盐系统上料前废液的盐分含量调节。酸碱溶液用于三废处理各子系统调节 pH 值、设备冲洗去污等。系统工艺流程如图 7-7 所示。

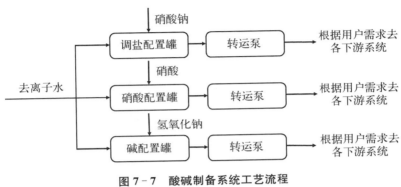

图 7-7　酸碱制备系统工艺流程

7.4　固废处理系统

固废处理系统包含放射性固废收集转运系统和放射性废树脂收集衰变系统。

放射性固废收集转运系统用于收集和转运溶液型医用同位素生产试验堆在正常运行(清洗和维护等)、预计运行事件和事故工况下产生的干、湿放射性固体废物(包括放射性废树脂)等,放射性废树脂收集衰变系统用于接收暂存池水净化系统和离子交换系统内产生的废树脂。具体废物源项如表 7-4 所示。

表 7-4　同位素生产试验堆放射性固体废物产生量

名　称	体积变化量/(m³/a)	比活度/(Bq/kg)	分　类	主　要　核　素
Al_2O_3 柱	0.5	4.24×10^7	低放废物	[90]Sr、[137]Cs
无机离子交换柱	0.1	1.50×10^{11}	中放废物	[90]Sr、[137]Cs

名　　称	体积变化量/(m³/a)	比活度/(Bq/kg)	分　类	主　要　核　素
CL－TBP 柱	0.1	3.21×10^7	低放废物	^{90}Sr、^{137}Cs
杂项软废物	10	$<1.0 \times 10^9$	极短寿命废物	^{99}Mo、^{131}I、^{89}Sr
低放杂类固废	0.2	$<1.0 \times 10^9$	低放废物	多量^{99}Mo、^{131}I、^{89}Sr，少量^{90}Sr、^{137}Cs
废污染部件	1	$<1.0 \times 10^9$	低放废物	^{90}Sr、^{137}Cs、^{151}Sm
废除碘过滤器及高效过滤器	3	$<1.0 \times 10^9$	极短寿命废物	^{131}I 等
排风系统初效及高效过滤器	14	—	—	—
放射性废树脂	6	2.0×10^5	低放废物	各类核素
干燥成盐饼	2	1.0×10^{10}（其中：^{90}Sr,5.55×10^7；^{137}Cs,5.72×10^7；α核素,2.79×10^3）	低放废物	各类核素

本试验堆产生的固体废物利用现有固体废物处理设施（暂存库、放射性废物处理中心）进行处理。放射性固废收集转运系统所涉内容主要为固体废物的分类收集、临时储存及转运，详情如下。

（1）按放射性废物与非放射性废物、可燃废物与不可燃废物、可压实废物与不可压实废物进行分类收集，避免混杂和交叉污染，简化废物的进一步处理流程；

（2）废物按其放射性活度和所含核素半衰期的不同分类进行存放；

（3）固体废物存放区设计考虑一定冗余度，满足检修和事故工况下废物量增加的需求；

（4）放射性废树脂采用罐装容器进行收集、转运，便于与水泥固化车间的接收系统连接；

（5）放射性废树脂的收集与转运容器设置必要的液位和物位测量仪表；

（6）放射性废树脂暂存设备室设置多重安全屏障，防止放射性物质外溢；

（7）废物包装满足水泥固定、储存及运输等后续处理环节的要求；

（8）干燥盐就地装高整体性容器，屏蔽后送暂存库；

（9）卫生通道出入口和临时设置的维修场所，均放置废物收集容器，不同种类的废物放入不同的收集容器内。工作服、手套、口罩、纸张、鞋等可燃、可压缩废物应装入塑料袋内，包扎好装入标准桶中。

厂房设有固体废物存放区，用以收集试验堆在正常运行（清洗和维护等）、预计运行事件和事故工况下产生的干、湿放射性固体废物，固体废物的吊运通过厂房内吊车来完成。

放射性废树脂收集衰变系统包括 2 台废树脂衰变罐（一用一备）、1 台溢流水槽、2 台溢流水泵（一用一备）、1 台废树脂中间罐及配套阀门、仪表和管线。上游产生的废树脂通过管线输运至废树脂衰变罐内暂存，输运过程中夹杂的水分通过溢流的方式进入溢流水槽，最终通过溢流水泵返回至废液处理相关系统中，废树脂储存一段时间后，通过压空输的方式转运至废树脂中间罐中，待后续处理。放射性废树脂收集衰变系统工艺流程如图 7-8 所示。

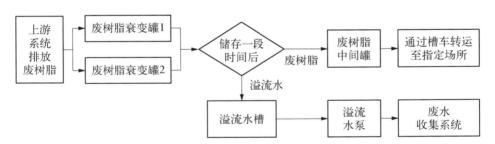

图 7-8　放射性废树脂收集衰变系统工艺流程

同位素生产试验堆产生的固体废物，在同位素生产试验堆厂房设置 50 m² 的临时储存空间存放 90 d，待短寿命核素衰变后，将符合厂区转运要求的放射性固体废物转运到现有固体废物处理设施暂存库或放射性废物处理中心进一步处理。各类固体废物收集及转运工序设计及参数如下。

1）杂项软废物

对于工作服、手套、口罩、纸张、鞋等，在卫生通道和临时维修场所设置废物收集袋，用于收集可燃、可压缩废物，待废物袋装填 80% 后，对废物袋进行捆扎和辐射监测后，装入专门的不锈钢转运桶，运至放射性固体废物暂存库内的压缩工段进行分拣、装桶、压缩减容处理后，送入暂存工段储存。压缩废物桶为 200 L 标准桶,每桶填充率为 90%。压缩完成后,监测压缩废物桶表面辐射水平并进行数据存档。对桶表面污染水平(β)>4 Bq/cm² 的进行去污。压缩废物桶吊运至压缩废物桶储存区储存,并最终外运处置厂焚烧处理。

2) 低放杂类固废、污染部件及器具

该类不可压缩废物,在废物产生地装入 FA-Ⅳ 型钢箱内,运送到整备车间进行水泥固定。固定完成后,监测固定杂项废物箱表面辐射水平并进行数据存档。对箱表面污染水平(β)>4 Bq/cm² 的进行去污。用废物专用运输车转运至放射性固体废物暂存库(区)储存,并最终外运处置。

3) 废 Al_2O_3 柱、废 CL-TBP 柱

废 Al_2O_3 柱和废 CL-TBP 柱首先进行放空脱游离水处理并运送至固体废物暂存区,然后装入 FA-Ⅳ 型钢箱中,送至整备车间灌浆固定。固定完成后,监测废物箱表面辐射水平并进行数据存档。对箱表面污染水平(β)>4 Bq/cm² 的进行去污。用废物专用运输车转运至放射性固体废物暂存库(区)储存,并最终外运处置。

4) 废过滤器芯、废旧过滤器

在废物产生地装入 FA-Ⅳ 型钢箱内,运送到整备车间进行水泥固定。固定完成后,监测废物箱表面辐射水平并进行数据存档。对箱表面污染水平(β)>4 Bq/cm² 的进行去污。用废物专用运输车转运至放射性固体废物暂存库(区)储存,并最终外运处置。

5) 放射性废金属

对于能去污回收再利用的低放金属废物,则进行去污处理再利用;无法去污的,则根据其形状、体积进行适当解体切割。对于通过简单工具即可迅速解体的金属废物,考虑在废物产生地,在工作场所辐射水平允许的情况下,就地解体后,装入 FA-Ⅳ 型钢箱中送整备车间灌浆固定。对于不易解体的大件金属废物,首先运输到放射性废物处理中心进行金属切割减容后装入Ⅷ标准钢箱中,送至暂存库水泥固定后暂存,待外运处置。

6) 废树脂

放射性废树脂收集衰变系统单罐可接收 6 m³ 的废树脂,储存时间为半年。废树脂采用专用转运容器转运至放射性废物处理中心进行水泥固化处理,使湿废物形成均一、稳定的水泥固化体废物包,满足放射性废物的暂存、外运及最终处置要求。

7.5　造水及补水系统

造水及补水系统(简称造补水系统)为整个厂区提供符合质量要求、供应量稳定的去离子水,为一次冷却水系统、设备冷却水系统及池水系统等提供传热介质,将各相关系统的热量有效导出,确保系统在设计的参数范围内运行。造补水系统通过各功能模块的配合作用去除水中包括悬浮物、胶体颗粒、余氯、有机物以及各种阴、阳离子等在内的杂质,从而达到水质纯化的目的。

造补水系统流程大致如下:自来水管网→Y 形过滤器→絮凝剂投加装置→双滤料过滤器→还原剂投加装置→活性炭过滤器→软化器(化盐装置)→阻垢剂投加→保安过滤器→一级高压泵→一级反渗透(RO)装置→一级反渗透(RO)水箱(含除二氧化碳器)→pH 值调节装置→二级高压泵→二级反渗透(RO)装置→二级反渗透(RO)水箱→电去离子(EDI)水泵→电除盐(EDI)装置→去离子水箱→去离子水泵→10 m^3 储存水箱。

补水系统流程主要涉及用去离子水泵将去离子水送到三楼 3 m^3 不锈钢水箱,再用各主管道、分支管道、隔离阀和自动控制阀输送到各用水点。

来自厂区自来水管网的自来水首先经 Y 形过滤器过滤,然后在管道内与絮凝剂经管道混合器混合,混凝后再经过双滤料过滤器过滤,随后在出水中投加还原剂,混合均匀后,去除大部分氧化性物质。

在活性炭过滤器中,上一级来水中的有机分子、余氯、异味、胶体等被除去,然后在全自动软水器中,钙、镁离子等无机阳离子被去除;出水在经与加入的阻垢剂混合后,再经保安过滤器过滤,进一步去除无机离子等。

在一级反渗透装置中,在压力驱动下,借助于半透膜的选择性截留作用,水体中溶解盐、硅、胶体、细菌以及有机物等进一步被有效去除,同时在经过除碳和 pH 值调整后为下一步二级反渗透装置的处理做准备,也为 EDI 处理工艺提供优质水源。

二级反渗透装置的进水为一级反渗透装置的出水,在这里产水得到进一步脱盐和降低电导。二级反渗透装置的出水被加压后送到 EDI 装置,利用电渗析技术和离子交换技术相结合的办法进行深度处理。最后,出水被送到储存水箱备用。

造补水系统需提供产水量至少为 1 t/h 的成品,并且水质应符合如下使用要求。

电导率(25 ℃)：≤50 μs/m。

pH 值(25 ℃)：6.0～7.0。

氯离子含量：≤0.05 mg/L。

铜离子含量：≤0.03 mg/L。

总固体含量：≤1.0 mg/L。

造补水系统设备采用梯级配置方式，布置紧凑，且均能通过可编程逻辑控制系统进行协调运行、报警和维修管理。造补水系统包括原水箱、原水泵、加混凝剂装置、多介质过滤器、活性炭过滤器、软化器、pH 值调节装置、保安过滤器、反渗透装置、增压泵、电除盐装置、纯水泵、核级混合离子交换柱、紫外灭菌器、精密过滤器等设备。

1）原水箱

本系统首台设备为原水箱，材质为聚乙烯塑料（PE），内置进口水位传感器、不锈钢浮球阀，以保持水箱正常水位。该设备防止出现供水不稳定而影响系统正常运行，同时避免直接抽取管网水而引起流量及压力的不稳定。

2）原水泵

为了保证系统供水的流量和压力恒定而设置。

3）加混凝剂装置

加入适量的凝聚剂、有效混凝水中的胶体及有机杂质，使以上物质成为可直接过滤的絮凝体。

4）多介质过滤器

多介质过滤器内装优质石英砂，主要用于去除水中的悬浮物、泥沙及颗粒性杂质。多介质过滤器为立式结构，选用 SUS304 不锈钢板材，按压力容器标准制作，耐压 8 kg/cm²，并配备了淤泥密度指数（SDI）污染指数测试仪，以检测过滤效果。

5）活性炭过滤器

活性炭过滤器内装粒状果壳净水型活性炭，主要去除水中的大分子有机物、胶体、异味、余氯等杂质，活性炭过滤器为立式结构，选用进口 SUS304 不锈钢板材，按压力容器标准制作，耐压 8 kg/cm²，采用美国 AUTOTROL 控制器，全自动运行，运行稳定可靠。

6）软化器

软化器用于除去水中含 Ca^{2+}、Mg^{2+} 物质等结垢物质，防止难溶盐类沉积于膜表面形成结垢现象，确保膜组件长时间运行仍可保持良好的透水能力，有效延长膜的使用寿命及提高反渗透系统产品水质的稳定性。

7）pH 值调节装置

一级 RO 反渗透产水，一般 pH 值为 6.5～7，这主要是因原水中溶有二氧化碳形成了 H_2CO_3，使一级 RO 产水的 pH 值偏低。若不经调节直接进入二级 RO 反渗透将使二级 RO 产水的 pH 值更低，并影响其脱盐率，为提高二级反渗透的脱盐效果，增加 pH 值调节装置，使进入二级 RO 的水的 pH 值为 8～8.5，使其脱盐效果最佳。

8）5 μm 保安过滤器

该设备主要是对反渗透系统进水进行最终保安过滤，目的是对前处理设备漏出的滤料碎粒进行最终过滤，确保最终进入反渗透系统的水符合要求。

9）反渗透装置

反渗透装置通常采用聚酰胺复合膜（TFC 膜）作为主要元件，其单根膜的脱盐率不小于 99.5%，系统脱盐率为 97%～99%，并可有效去除水中的悬浮微粒、有机硅胶体、有机物、细菌、病毒、致热源等杂质。为保证 RO 装置的性能稳定和长期运行，可设置定时自动冲洗装置。

10）RO 水箱

RO 出水设置 1 个水箱，可缓冲 EDI 启动时供水不足的现象，使 EDI 运行更稳定。水箱材质为聚乙烯塑料（PE），内置进口液位传感器，保证水箱水位正常。

11）增压泵

增压泵选用免维修机械密封泵，性能可靠稳定，噪声小，寿命长。

12）电除盐设备

电除盐（electrodeionization，EDI）技术是一种将电渗析和离子交换有机结合在一起的脱盐新工艺。这种水处理脱盐工艺，既利用离子交换能深度脱盐来克服电渗析极化而脱盐不彻底的问题，又利用电渗析极化而发生水电离产生 H^+ 和 OH^- 离子实现树脂自再生来克服树脂失效后通常要利用化学药剂再生的缺陷，因而电除盐器可连续不断地产出合格的产品水。

EDI 设备的核心部件由阴极、阳极、离子交换膜、离子交换树脂组成，它的阴膜（AEM）和阳膜（CEM）也是交替排列形成多对膜室，与电渗析一样，产品水室与浓缩水室交替排列，所不同的是，产品水室内充满了阴阳离子交换树脂，在浓缩水室，根据各种类型也有充填树脂或者仅用隔板相隔。电极中的阴极一般采用不锈钢材料，阳极一般采用钛涂氧化铱氧化钛材料。

在电场的驱动下，淡水室中的阳离子开始向阴极移动，阴离子开始向阳极移动,但由于产品水室中充满了离子交换树脂,离子从迁移开始起,首先与离子交换树脂发生离子交换,树脂开始起传递离子的作用,直至将离子传递到相应的阴膜或阳膜边缘,由于阳膜只能通过阳离子,阴膜只能通过阴离子,使得产品水室中的离子浓度不断降低,起到除盐效果。同时产品水室中的水分子在电场的作用下裂解为 H^+、OH^- 离子,这两种离子会及时地再生离子交换树脂,使树脂不断具备吸附杂质离子的能力,过剩的 H^+、OH^- 离子会通过离子交换膜,在浓缩水室中和。由于在产品水室内,离子对协同产生了混床的作用,使得产品水的水质大大提高,出口水质可稳定在 $10\ \mathrm{M\Omega \cdot cm}$ 以上。

EDI 产水设不合格水排放阀,将开机时未达到产水水质的产水排到 RO 水箱,到产水的水质大于 $10\ \mathrm{M\Omega \cdot cm}$ 时才关闭排放阀,确保水箱水合格。EDI 产水设有流量控制开关,确保设备不因系统超压、断水等事故而造成损坏。

13) 纯水箱

纯水箱材质为聚乙烯塑胶(PE),通常为立式圆形,以满足用水要求。PE 是防污染、耐腐蚀理想的储水箱材料。箱内设置进口液位控制器,组成全自动运行系统。建议半年至一年清洗一次纯水箱。

14) 纯水泵

本系统增压泵选用免维修机械密封泵,性能可靠稳定,噪声小,寿命长。

15) 核级混合离子交换柱

本系统配核级混合离子交换柱 1 台,作为 EDI 产水水质的保障配置(当 EDI 产水水质低于 $10\ \mathrm{M\Omega \cdot cm}$ 时,系统能自动将信号传递到混床,混床进入工作状态,否则常闭)。同时,方便检修 EDI 时也不会影响系统供水。

16) 紫外灭菌器

为防止二次污染、杀灭滋生的细菌而设置了该设备。

17) $0.22\ \mu\mathrm{m}$ 精密过滤器

为防止被紫外线灯杀灭的细菌尸体进入管网系统而设置的。采用 $0.22\ \mu\mathrm{m}$ 微孔滤芯,阻菌效率为 100%,以保证进入管网中的高纯水洁净无菌。

7.6 燃料储存与添加系统

试验堆为溶液型反应堆,燃料为硝酸铀酰溶液,燃料储存与添加系统储存和处理的物料均为溶液状态。反应堆运行和同位素提取等工艺过程会导致燃料溶液的损耗,为此,设置燃料储存与添加系统实现燃料的补充,以及燃料溶液浓度、酸度等参数的调节,以满足反应堆安全运行需求。

燃料储存与添加系统由 3 个新铀燃料储存罐、3 个回收铀储存罐、1 个硝酸溶液储存罐、1 个水储存罐及配套的管道、阀门、泵和仪表控制单元等组成。新铀燃料储存罐、硝酸储存罐和水储存罐就近布置于堆区的补料间内,回收铀燃料储存罐布置于铀回收系统所在的热室内。燃料储存罐采用"几何次临界"的设计理念,通过控制设备的几何形状和尺寸来实现核临界安全。

燃料储存与添加系统储存新铀燃料溶液、硝酸溶液和去离子水,暂存铀回收系统回收得到的燃料溶液,并实现上述料液定量添加到燃料转移与暂存系统的燃料暂存罐中。通过本系统的运行,实现试验堆运行前在燃料暂存罐中对燃料的补充,以及燃料溶液的铀浓度、酸度、体积等参数的调节。

燃料储存与添加系统的主要技术参数如下。

(1) 储存燃料溶液的铀浓度:$\leqslant 480\ \text{g/L}$。

(2) 储存罐数量:6 个。

(3) 单个储存罐容量:15 L。

(4) 储存罐规格尺寸:内径为 130 mm,高度为 1 130 mm,壁厚为 5 mm。

(5) 罐体材料:304 L 不锈钢。

7.7　铀回收系统

在同位素生产试验堆运行过程中,$^{99}\text{Mo}/^{131}\text{I}$ 提取分离系统、燃料纯化系统、取样系统、燃料溶液转移与暂存系统、气体复合系统等工艺系统在运行过程中会产生少量含铀废液,这些废液中的铀含量较低,无法直接作为燃料复用,但是产生的含铀废液直接作为废物不加以回收处理将会造成硝酸铀酰燃料资源的浪费,进入三废处理系统后还会形成 α 废物,增加放射性废物处理负担。因此,有必要对试验堆运行过程中产生的含铀废液回收复用,以达到减少燃料的损耗、降低生产成本、提高铀资源利用率和减少 α 废物产生量等目的。

铀回收系统采用对铀具有特异性吸附能力的 CL - TBP 萃淋树脂或 P5208 萃淋树脂作为铀的吸附材料进行废液中铀的回收,主要包括含铀废液浓缩、上柱吸附、淋洗解吸、解吸液浓缩等工艺步骤。

铀回收系统主要由含铀溶液罐、铀回收柱、蒸发浓缩装置、料液输送管线和仪表控制单元等部分组成,系统设备主要布置于屏蔽热室内。

通过本系统的运行,可以实现从含铀废液中回收铀,将回收得到的铀作为燃料回堆复用。

铀回收系统的主要技术参数如下。

（1）铀回收柱规格尺寸：内径为 104 mm，高度为 400 mm，壁厚为 5 mm。

（2）单批次回收能力：铀约为 150 g。

（3）铀回收率：约为 98％。

（4）含铀溶液罐容量：1.8 m³。

（5）含铀溶液罐规格尺寸：内径为 1 100 mm，高度为 1 900 mm，壁厚为 5 mm。

（6）蒸发浓缩速率：5～10 L/h。

7.8　燃料纯化系统

试验堆运行时产生的裂变产物会累积在溶液中，对试验堆的正常运行和核素的提取质量产生影响。为此，在试验堆设计时设置燃料纯化系统以去除燃料溶液中引入的杂质。

燃料纯化系统定期去除燃料溶液中的中长寿命裂变产物和中子毒物，以降低燃料溶液的放射性剂量，提升试验堆堆芯的 k_{eff}，提高核素提取的回收率和质量，保障试验堆正常运行。

燃料纯化工艺分为柱纯化和沉淀纯化两部分。柱纯化工艺是通过水合二氧化锰、水合五氧化二锑和酸性氧化铝这 3 种无机离子交换材料联合使用的方法去除燃料溶液中的部分裂变产物；沉淀纯化工艺利用过氧化氢与硝酸铀酰的沉淀反应，去除燃料溶液中的裂变产物和同位素生产过程中额外引入的杂质。无机离子交换法可以实现对燃料溶液中主要裂变核素的去除，对锶、铯、锆、钐等裂变核素的去除率可达 70％。针对无机离子交换法对裂变核素去除率不高且会引入铝杂质等缺点，采用过氧化氢沉淀法对燃料溶液进一步纯化，利用过氧化氢与硝酸铀酰发生沉淀反应这一性质，在燃料溶液中加入过氧化氢，使硝酸铀酰沉淀而其他杂质核素保留在溶液中，经过滤、溶解后实现燃料溶液的纯化。通过无机离子交换法和过氧化氢沉淀法相结合的方式实现同位素生产试验堆燃料溶液的纯化。

燃料纯化系统主要由纯化柱、沉淀反应器、调节器、储液罐、泵、管线、阀门、接液盘、仪表及控制单元等部件组成，系统设备主要布置于屏蔽热室内。

通过本系统的运行,实现将反应堆运行过程中产生的裂变产物杂质和同位素提取过程中引入的杂质从燃料溶液中去除,达到纯化燃料的目的。

燃料纯化系统的主要技术参数如下。

(1) 纯化柱规格尺寸:内径为 104 mm,高度为 400 mm,壁厚为 5 mm。

(2) 沉淀反应器规格尺寸:内径为 311 mm,高度为 232 mm,壁厚为 7 mm。

(3) 铀回收率:约为 99.9%。

(4) 杂质纯化率:裂变产物杂质的去除率约为 70%,同位素提取过程中额外引入的杂质去除率约为 90%。

7.9　取样系统

取样系统主要对堆容器、燃料暂存罐、一次冷却水系统、设备冷却水系统、池水净化系统、废水收集储存及处理系统等进行取样,为放化实验室分析提供具有代表性的样品,同时满足操作的便捷性、稳定可控性,以及满足操作过程中人员的辐射防护需要和场所内的辐射防护分区控制需要。

取样系统的功能是从一次冷却水系统、二次冷却水系统、池水净化系统、燃料溶液转移与暂存系统、气体复合系统、废水收集储存系统的中放水箱、低放水箱和弱放水箱、废水处理系统的监测箱和冷凝液接收箱取样,并提供取样期间的屏蔽和取样时管路死水的冲排放场所,为各种技术指标的监测提供样品。

取样系统是辅助系统的重要组成部分,它不仅是为取样操作提供场所,同时还应满足辐射防护要求和工艺安全,以及满足所取样品代表性的要求,最终目的是为各种技术指标的监测提供样本。该系统重要的针对对象为 2 个燃料溶液暂存罐的取样,其他待取样系统还涉及一次水系统、二次水系统、池水系统及三废系统等。

取样系统涉及的工艺设备约 20 台(套),主要包含以下各项:

(1) 用于一次冷却水系统、二次冷却水(设备冷却水)系统及池水净化系统取样的屏蔽手套箱 1 个,涉及 4 个取样点(一次冷却水系统和二次冷却水各 1 个,池水净化系统净化柱前、后各 1 个);

(2) 燃料溶液转移和暂存系统的取样手套箱 2 个,涉及 3 个取样点(堆容器和 2 个燃料暂存罐);

（3）废水收集储存系统的中放及三废废气收集与储存系统的取样手套箱1个,涉及4个取样点（包括2个中放收集槽、活性炭储存罐及衰变箱）;

（4）废水处理系统的冷凝液和低放废水收集系统水取样箱1个,涉及6个取样点（包括4个冷凝液槽和2个低放收集槽）;

（5）废水处理系统流出物排放取样手套箱1个,涉及2个取样点（2个流出物排放水槽）;取样手套箱既可用作取样期间的辐射防护屏蔽和取样时管路死水的冲排放场所,也可用于存放取样附属设备,比如取样泵和管/阀等的场所。

7.10　消防系统

消防系统的主要功能是自动捕捉火灾探测区域内火灾发生时的烟雾或热气,从而发出声光报警并控制自动灭火系统,同时联动其他设备的输出触点,控制事故照明及疏散指示标志、事故广播及通信、消防给水和防烟排烟设施,以实现监测、报警和灭火的自动化。

本项目消防系统主要包括室内外消火栓系统,气体灭火系统、移动式灭火器配置等,室内外消防系统采用临时高压消防系统。

1）室外消防

本项目室外消火栓采用临时高压消防给水系统,室外消火栓设计体积流量为25 L/s,火灾延续时间为2 h,消防用水储存在消防水池内,室外设置消防取水口和地上式消火栓,栓口压力为0.15 MPa,供水管网接自消防水泵房,采用DN150钢丝网骨架塑料复合管埋地敷设。

2）室内消防

本项目室内消防系统主要包括室内消火栓系统、气体灭火系统、移动式灭火器配置等。

主厂房火灾危险性为丁类,耐火等级为一级。

消防水量：根据GB 50016—2014《建筑设计防火规范》（2018年版）,主厂房室内消火栓用水体积流量最大为10 L/s。

消防设施：室内消火栓系统从室外消防管网引入2根消防给水管,并在厂房内布置成环状。其上隔离阀的布置能保持故障管道隔离时,不会中断厂房内其他点的消防用水。系统由位于主厂房屋顶的消防水箱及稳压装置稳压,以维持消防管网压力。当需消防时,消防水分配系统必须能立即向着火点供水。

消防水箱设置在主厂房屋顶消防稳压间内,水箱净尺寸长×宽×高为 4 500 mm×2 500 mm×2 000 m,水箱的有效容积不低于 18 m³。消防水箱由主厂房生活给水供水。水箱进水管上设置有电动阀门,电动阀门的启停由水箱内的液位开关控制。

稳压间设置有消防稳压泵和稳压罐。消防稳压泵设置有 2 台(1 用 1 备)。单台稳压泵性能参数如下:$Q=2.0\,L/s,H=20\,m,N=1.1\,kW$。消防稳压泵从消防水箱内取水,通过设置在消防稳压间内的隔膜式气压罐使消防水系统管道内的压力恒定在设定值。设置 1 套稳压罐,消防水系统火灾初期消防用水量可由消防水箱及稳压罐提供。

室内消火栓采用减压稳压消火栓,并配消防软管卷盘。

管道:室内消火栓系统管道采用内外热镀锌钢管,通过丝接或沟槽连接。

3)火灾自动报警系统

为及早发现和通报火灾,防止和减少火灾造成的危害,根据 GB50116—2013《火灾自动报警系统设计规范》的要求,本项目设置火灾自动报警及联动系统,火灾应急广播及消防专用电话系统。

在厂房的消防控制室设置火灾报警控制器、联动控制器。在有火灾危险的房间或区域,设置固定的火灾探测器,一旦发生火灾,立即自动发出火灾报警信号,实现火灾早期预报,以便及早采取相应的措施,进行自动或手动启动消防联动控制系统。在主要出入口等场所设置手动报警按钮及声光报警器。手动报警按钮设置在明显和便于操作的地方。

发生火灾时,自动或手动切除相关非消防电源,联动电梯停至首层。

有线广播系统具有火灾应急广播的功能,发生火灾时通过广播指挥消防灭火、人员疏散和采取的其他应急措施。在消防控制室进行应急广播,可根据火灾实际情况选择广播分区。

消防专用电话主机设置在主厂房的消防控制室,在配电室、消防控制室等房间设置消防专用电话分机。

在消防控制室设置可直接报警的外线电话。

4)防排烟系统

控制区由于严格限制人员出入,人员密度低,本设计在该区域不考虑设置防排烟,仅在监督区设计防排烟系统。通过外窗自然排烟满足要求的由疏散走廊自然排烟,不满足要求的设置机械排烟系统。

(1)反应堆的 2 个主控室为 2 个防烟分区,合设 1 个排烟系统 PY-1。每个防烟分区排烟量按不小于 $60~m^3/(h \cdot m^3)$ 计算,且不小于 $15~000~m^3/h$,系统的总排烟量为 $30~000~m^3/h$。设置 1 台轴流式消防排烟风机,排量为 $40~000~m^3/h$。排烟风机布置在屋面排烟机房内,风管穿越排烟机房隔墙及防火分区时设置 280 ℃ 常开排烟防火阀,每个防烟分区设置 280 ℃ 常闭排烟风口。

(2)地上二层疏散走廊 1 划分为 2 个防烟分区,利用走廊外墙上设置的外窗自然排烟,外窗可开启面积不小于防烟分区面积的 2%。

疏散走廊 2 划分为 2 个防烟分区,与三废及提取控制室(超 $50~m^2$ 无窗房间)合设 1 个机械排烟系统 PY-2,以排除火灾时产生的烟气,排烟量取任意 2 个防烟分区的排烟量之和的最大值,且走廊每个防烟分区排烟量按不小于 $13~000~m^3/h$,三废及提取控制室排烟量不小于 $15~000~m^3/h$,总排烟量为 $28~000~m^3/h$。设置 1 台消防排烟风机,排风量为 $35~000~m^3/h$。

疏散走廊 3 划分为 2 个防烟分区,合设 1 个机械排烟系统 PY-2,以排除火灾时产生的烟气,排烟量取 2 个防烟分区的排烟量之和,且走廊每个防烟分区排烟量按不小于 $13~000~m^3/h$ 设计,总排烟量为 $26~000~m^3/h$。设置 1 台消防排烟风机,排风量为 $35~000~m^3/h$。

PY-2 和 PY-3 排烟系统风机布置在屋面排烟机房内,风管穿越排烟机房隔墙及防火分区时设置 280 ℃ 常开排烟防火阀,每个防烟分区设置 280 ℃ 常闭排烟风口。

7.11 通风空调系统

供热、通风与空调系统(HVAC)的目的是提供适宜质量的空气以保证工作人员的舒适、健康和安全,以及设备安全有效地运行。

控制区内的通风系统根据建筑物的辐射场所分区进行设计,合理组织气流,保证气流方向从"净区"到"脏区"、从低污染区流向高污染区,各不同分区之间维持一定负压,控制Ⅰ区相对负压为 10~20 Pa,控制Ⅱ区相对负压为 30~50 Pa,控制Ⅲ区相对负压为 100~150 Pa,其中的热室相对负压为 200~300 Pa。控制Ⅰ区和控制Ⅱ区的排风经过一级高效过滤、控制Ⅲ区的排风经过两级高效过滤,排风通过地下风道最终由厂区排风塔高架排放。监督区的通风系统根据室内余热、余湿和有害物质的情况进行通风系统设计,排风就地通过外墙或屋面排放。

本项目同位素生产线区设置有洁净区,其中部分热室内洁净等级为 A 级,其他区域为 C 级,本专业负责 C 级区域的洁净空调系统设计。同位素生产线区的洁净区也是放射性区域,其中热室为控制Ⅲ区,其他区域洁净区为控制Ⅰ区,放射性区域的排风不能循环再用,须经过滤净化后排放,故同位素生产线洁净区的空调系统采用全新风系统。

蓄电池间、正常不间断电源间、应急不间断电源间、配电室及有空调需求的仪控房间设置单元式空调机组以满足设备对室内温度的需求。人员经常停留、无特殊工艺要求的房间(如主控室、监督区实验室等区域)设置变制冷剂流量多联机空调,以满足人员舒适度的要求。多联机室外机布置于室外屋面。

通风、空调系统分为反应堆通风系统(VRC)、堆厅通风系统(VRK)、热室通风系统(VMH)、I/H 线通风空调系统(VMA)、Tc 线通风空调系统(VMB)、热室吊装大厅通风系统(VMJ)、控制Ⅲ区通风系统(VCT)、控制Ⅱ区通风空调系统(VCF)、控制Ⅰ区通风空调系统(VCE)、通风柜排风系统(VJA、VJB)、手套箱排风系统(VJC)、主控室通风空调系统(VAB)、蓄电池间通风空调系统、仪控设备间通风空调系统、空调冷热水系统(VLS)等。

1) 反应堆通风系统

反应堆通风系统部件由送风系统与排风系统组成。

送风系统由以下部件组成。

(1) 1 台送风机组(VRC001ZW),包括 1 台初效过滤器,2 台并联的 100%容量的风机(1 用 1 备),1 台中效过滤器;2 只 100%冗余设置的电动隔离阀(VRC003VA/004VA)。

(2) 送风管道及相应的进风口、送风口、电动密闭阀、调节阀和防火阀。

排风系统组成如下:

2 台 100%冗余配置的离心排风机(VRC001ZV/002ZV),并联连接;2 台100%冗余配置的除碘净化装置(VRC001PI/002PI),并联连接,除碘净化装置由电加热器、预过滤器、前置高效粒子过滤器、碘吸附器、后置高效过滤器组成;2 只 100%冗余设置的电动隔离阀(VRC001VA/002VA);排风管道及相应的排风口、电动密闭阀、调节阀和防火阀。

2) 堆厅通风系统

堆厅通风系统部件由送风系统与排风系统组成。

送风系统由 1 台 100% 容量的送风机组、阀门、管道和风口等组成，送风机组内设初效过滤段、风机段和中效过滤段。

排风系统由 1 台 100% 容量的离心排风机和空气净化装置及相应的管道、阀门、风口等组成。空气净化装置内配预过滤器和高效粒子过滤器。

3）热室通风系统

热室通风系统部件由送风系统与排风系统组成。

送风系统组成如下：每个热室由 1 台管式进风空气净化装置（配高效粒子过滤器）及相应的管道和阀门等组成，热室补风由前区转进风补充。

排风系统组成如下：2 台 100% 冗余配置的离心排风机（VMH001ZV/002ZV），并联连接；2 台 100% 冗余配置的除碘净化装置（VMH001PI/002PI），并联连接，除碘净化装置由电加热器、预过滤器、前置高效粒子过滤器、两级碘吸附器、后置高效过滤器组成；每个热室 2 台 100% 冗余设置的管式排风净化装置（配预过滤器和高效粒子过滤器）；排风管道及相应的排风口、电动密闭阀、调节阀和防火阀。

4）I/H 线通风空调系统、Tc 线通风空调系统

I/H 线通风空调系统和 Tc 线通风空调系统部件由送风系统与排风系统组成。

送风系统由 1 台 100% 容量的洁净空调送风机组、阀门、管道和风口等组成。送风机组由初效新风段、冷却加热段、加湿段、风机段、中效过滤段和消声段等功能段组成，室外新鲜空气通过臭氧消毒，冷热湿处理，初、中效过滤，再经末端高效送风口过滤后送入洁净室。送风机组用冷热水由空调冷热水系统（VLS）提供。

排风系统由 1 台 100% 容量的离心排风机和空气净化装置及相应的管道、阀门、风口等组成。空气净化装置内配预过滤器和高效粒子过滤器。排风经一级高效过滤后由排风塔高架排放。

5）热室吊装大厅通风系统

热室吊装大厅通风系统部件由送风系统与排风系统组成。

送风系统由 1 台 100% 容量的送风机组、阀门、管道和风口等组成，送风机组内设初效过滤段、风机段和中效过滤段。

排风系统由 1 台 100% 容量的离心排风机和空气净化装置及相应的管道、阀门、风口等组成。空气净化装置内配预过滤器和高效粒子过滤器。排风经一级高效过滤后由排风塔高架排放。

6）控制Ⅲ区通风系统

控制Ⅲ区系统部件组成如下：2 台 100％冗余配置的离心排风机，并联连接；2 台 100％冗余配置的空气净化装置，由预过滤器、高效粒子过滤器组成，并联连接；排风管道及相应的排风口、电动密闭阀、调节阀和防火阀。进风由布置在房间隔墙上的余压阀通过走廊或隔壁房间送风补充。

7）控制Ⅱ区通风空调系统

控制Ⅱ区通风空调系统部件由送风系统与排风系统组成。

送风系统组成：1 台 100％容量的送风机组、阀门、管道和风口等，送风机组内设初效过滤段、风机段和中效过滤段。

排风系统组成：2 台 50％冗余配置的离心排风机；2 台 50％冗余配置的空气净化装置，由预过滤器、高效粒子过滤器组成；排风管道及相应的排风口、电动密闭阀、调节阀和防火阀。

8）控制Ⅰ区通风空调系统

控制Ⅰ区通风空调系统部件由送风系统与排风系统组成。

送风系统组成：1 台 100％容量的送风机组、阀门、管道和风口等，送风机组内设初效过滤段、风机段和中效过滤段。

排风系统组成：1 台 100％冗余配置的离心排风机；1 台 100％冗余配置的空气净化装置，由预过滤器、高效粒子过滤器组成；排风管道及相应的排风口、电动密闭阀、调节阀和防火阀。

9）通风柜排风系统

通风柜排风系统部件组成如下：由 1 台 100％容量的离心排风机和空气净化装置及相应的管道、阀门、风口等组成。空气净化装置内配预过滤器和高效粒子过滤器。排风经一级高效过滤后由排风塔高架排放。

10）手套箱排风系统

手套箱排风量按换气 30 次/小时考虑。系统部件组成如下：2 台 100％冗余配置的离心排风机，并联连接；2 台 100％冗余配置的空气净化装置，由预过滤器、高效粒子过滤器组成，并联连接；排风管道及相应的电动密闭阀、调节阀和防火阀。进风：由手套箱所在房间送风补充。

11）主控室通风空调系统

主控室通风空调系统包括两个部分：主系统和应急系统。

主系统包括一台直膨组合式空气处理机组及相应的送风管网和回风管网，服务于主控室和会议室，满足室内温湿度环境和新风量需求。机组内设置初中效过滤器、直膨蒸发段、加湿段、风机段和冷凝段。主管路部分空气是再循环的,循环空气在空气处理机组内与新鲜空气混合。计算机房有单独的温度控制,单独设置 1 台单元式空调机。

主控室内设 1 个排烟系统,包括 1 台消防排烟风机、防火阀、排烟风口及相应的排烟管道。当室内发生火灾时,排烟系统运行,便于工作人员疏散。

上述系统均为非安全有关级 NS。

应急系统包括 2 台冗余设置、由正常电源和应急不间断电源供电的单元式空调机,在失去厂外电源时,满足 2 h 内主控室的温度不大于 35 ℃ 的要求。

该单元式空调机为安全有关级 SR,抗震 I 类。

12) 蓄电池间通风空调系统

试验堆主厂房设置有多个蓄电池间(包括安全有关级的蓄电池间 A、B、C 和非安全有关级的蓄电池间),需排除运行时产生的氢气和气体消防后的烟气,各房间分别设置 1 套直流式通风系统。每个蓄电池间分别设置 2 台防爆型风机箱进行送、排风,风机吊装于房间顶板。风机与蓄电池间的可燃气体报警装置联锁,当氢气浓度超标时自动启动风机。在室内及靠近外门的外墙上设置电气开关。风管采取防静电接地措施。

各蓄电池间分别设置 1 台单元式空调机,满足房间温度要求。单元式空调机选用防爆型机组。单元式空调机与可燃气体报警装置联锁,当氢气浓度超标时联锁关闭空调机。

蓄电池间通风系统中的风机均与室内火灾探测系统联动控制,当室内发生火灾时,能自动切断通风机和空调机的电源;当火灾熄灭,并经人工确认后,打开电动防火阀、排风机和送风机,排除气体消防后产生的烟气。

13) 仪控设备间通风空调系统

试验堆主厂房设置有多个仪控设备间(包括安全级仪控设备间 1、2、3 和非安全级仪控设备间),设置有气体消防系统,合设 1 套通风系统排除消防灭火后的气体。排风设置 1 台混流风机,吊装布置在走廊吊顶,在穿越各设备间的风管上各设置 1 个电动密闭阀。

各仪控设备间分别设置 1 台空调机,满足房间温度要求。

仪控设备间通风系统的风机和空调机均与室内火灾探测系统联动控制,当室内发生火灾时,能自动切断风机和空调机的电源;当火灾熄灭,并经人工确认后,打开电动密闭阀和排风机,排除气体消防后产生的烟气。

14）空调冷热水系统

空调冷热水系统由 2 台 50% 容量的风冷螺杆式冷（热）水机组、2 台 100% 容量的循环水泵以及相应的膨胀水箱、管道、阀门等组成。冷水机组布置于屋面，循环水泵及相应水处理系统布置于屋面的水处理间，采用膨胀水箱定压补水。VLS 采用闭式循环，冷却水由循环水泵送至各送风机组，换热后的冷却水再回到冷（热）水机组。

7.12　供电系统

本工程供电系统分为 6 kV 正常交流配电系统（UHA、UHB）、220/380 V 正常交流配电系统（UKA、UKB、UKC、UKD）、应急交流不间断配电系统（UPA、UPB、UPC、UPD）。

6 kV 正常交流配电系统主要为 6/0.4 kV 干式变压器提供 6 kV 正常电源。

220/380 V 正常交流配电系统主要为厂区内低压用电设备提供电源。

安全有关级应急交流不间断配电系统（UPA、UPB、UPC）主要为安全有关级隔离阀、安全有关级数字化机柜、保护系统及其相关用电设备提供电源。非安全有关级应急交流不间断配电系统（UPD）为火灾报警机柜、实物保护控制台、通信机柜、非安全有关级 DCS 机柜等设备提供不间断交流电源。

6 kV 中压供电系统分为 UHA、UHB 这 2 个母线段，采用单母线接线方式，中间设置联络开关。在正常运行时，联络开关处于断开状态，2 个母线段各带一半用电负荷，当其中一段发生故障时，联络开关闭合，另一段可以带全部负荷。

YTD 主厂房共设置 220/380 V 正常配电系统 I 段、II 段，分别为 UKA、UKB。除了上述 2 个母线段之外，在主厂房还设置有通风中心 MCC（电动机控制中心）段，分别为 UKC、UKD。220/380 V 正常配电系统（UKA、UKB）均采用 TN-S 系统，采用放射式和树干式相结合的供电方式。UKA、UKB 均采用单母线分段接线方式，UKA 和 UKB 中间设置联络开关，在正常运行时，联络开关处于断开状态，2 个母线段各带一半用电负荷，当其中一段发生故障时，其低压进线开关断开，联络开关闭合，另一段母线可以带全部用电负荷。

安全有关级应急交流不间断系统设置 3 个通道，分别为 UPA、UPB 和 UPC，与保护组相对应，其中 UPA 和 UPC 为安全有关级 A 列通道，UPB 为安全有关级 B 列通道,3 个通道设置在不同的房间,进行实体隔离。非安全有关级应急交流不间断配电系统(UPD)由 2 路 380 V 交流电源供电,其中一路来自 220/380 V 正常配电系统 UKA,另一路来自 220/380 V 正常交流配电系统 UKB。

系统主要参数如下。

1) 6 kV 正常配电系统

6 kV 中压系统采用微机保护装置,根据不同保护对象(如变压器、变频器等)设置电流速断、过电流或过负荷、单相接地等保护。

6 kV 正常配电系统中开关柜采用五防型 KYN28A–12 交流金属铠装中置式开关设备,上进线、上出线,中压开关柜主母线额定电流为 1 250 A,热稳定电流为 31.5 kA(暂定),动稳定电流为 80 kA,防护等级为 IP41。

6 kV 开关柜和变频器柜的安全等级为 NC 级,质保等级为 QAN,抗震类别为 NA。

2) 220/380 V 正常交流配电系统

变压器选用环氧树脂浇注低噪声干式变压器 SCB14/6/0.4 kV(Dyn11,$U_d=6\%$,F 级绝缘);变压器设 IP21 外壳护罩并带风扇和温度控制设备。

低压配电柜采用抽屉式开关柜,柜内开关根据回路容量的大小选择空气断路器和塑壳断路器。220/380 V 正常交流配电系统所选空气断路器的额定极限短路分断能力为 65 kA,所选塑壳断路器的额定极限短路分断能力为 50 kA。

动力配电箱采用非标型配电箱,箱内开关采用合资或国产优质产品。

220/380 V 正常交流配电系统的所有设备(包含变压器、配电柜等)安全等级为 NC,质保等级为 QAN,抗震类别为 NA。

3) 应急交流不间断系统

安全有关级应急交流不间断配电系统(UPD)主要由充电器、逆变器、隔离变压器、旁路调压变压器、馈电柜、监视和保护装置等设备组成。设置 1 组蓄电池组为其提供直流电源,主要由固定式蓄电池组成,采用免维护胶体式蓄电池,蓄电池的备用时间不小 24 h。

根据试验堆保护系统等的通道要求及用电设备的负荷统计情况,为 3 个相互独立的应急交流不间断系统(UPA、UPB 和 UPC)设置的容量分别为 60 kV·A、60 kV·A、20 kV·A。为 3 个相互独立的应急交流不间断电源的 UPS 设置 3 组额定电压为 220 V 的蓄电池组。蓄电池布置满足实体隔离要求,3 组蓄电池容量分别为 1 500 A·h、1 500 A·h、1 000 A·h,完全满足 2 h 供电能力。

第 8 章

全厂仪控系统

同位素生产试验堆主要由反应堆及主要系统、同位素提取系统、放射性废物处理系统、辅助系统(给排水、通风空调、供电等)及相关的全厂仪表和控制系统(简称全厂仪控系统)组成。全厂仪控系统用于实现包括反应堆控制和保护、同位素提取及放射性废物处理等,是试验堆的重要组成部分。

全厂仪控系统的主要功能包括如下几方面。

在正常运行、预计运行事件和事故工况(包括设计基准事故工况和超设计基准事故工况)下,监测试验堆参数和各系统的运行状态,为操纵员安全有效地操纵试验堆提供各种必要的信息。

自动或通过手动控制将工艺系统或设备的运行参数维持在运行工况规定的限值内。

在预计运行事件和设计基准事故工况下,触发保护动作,保护人员、试验堆和系统设备的安全,避免环境受到放射性污染。

在超设计基准事故工况下,提供必要的事故监测手段。

8.1 控制室系统

控制室是试验堆系统的集中点,是人-机接口最集中的地方,是操纵员借助安装在控制室内的全厂仪控系统设备监测和控制整个试验堆过程变量的中心。

控制室系统是人机接口、控制室工作人员、操作规程、培训大纲和相关的设施或设备的总体,它们共同维持控制室功能的正确执行。在试验堆正常运行、预计运行事件和事故工况下,支持操纵员掌握试验堆的运行状态,正确地做出决策,及时采取必要措施,减少人为失误,确保试验堆的安全。

控制室的主要目标是实现试验堆在任何工况下安全有效地运行。

控制室系统包括主控制室、应急控制点、同位素提取和放射性废物处理值班室及位于这些场所的人机接口。这些人机接口设备提供了监视和控制试验堆所需的人机接口资源。

具体来说,控制室系统要完成下列功能:保证试验堆安全运行;提高试验堆可用率;保证设备的安全;保证人员的安全;能够得到维修信息;进行定期试验管理;通信(厂内、厂外);文件记录;数据记录。

8.1.1 主控制室

在主控制室内集中了与安全运行直接有关设备的控制,完成这些控制的功能设计(分析和分配)及设备布置的设计应满足下列要求。

(1)操纵员在计算机工作站或常规设备控制盘、台上完成某一功能的监控,层次要分明,操作要简化,防止误判、误操作或造成误停堆。操作界面的设计要符合人因工程特性。

(2)主控制室设计中的计算机工作站上的各类显示格式及报警处理(报警表及清单等)应便于操纵员全面、准确、及时地了解试验堆的各种运行状态。

(3)保证在主控制室的计算机工作站中正常和事故控制程序的结合协调。给操纵员提供正确的指导和帮助。

(4)主控制室的出入通道应便于控制,便于在紧急情况下的撤离。

(5)主控制室的功能设计应便于对设备故障进行诊断、维修和操作任务的完成。

主控制室的配置主要包括以下设备:

(1)计算机化工作站(操纵员站/值长站);

(2)安全参数显示与操纵台;

(3)紧急操作台(ECP);

(4)大屏幕;

(5)火灾报警监控柜(如有)。

典型的主控制室的设备布置如图 8-1 所示,主控制室布局将在实际项目的详细设计过程中根据需要最终确定。

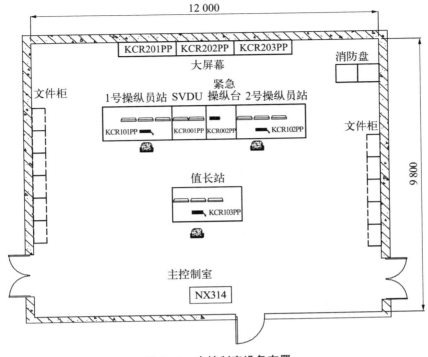

图 8-1　主控制室设备布置

8.1.2　应急控制点

　　考虑到主控制室不可用的情况,设置了应急控制点。当主控制室可用时,应急控制点处于闭锁状态。当主控制室由于某种原因(如发生火灾)变得不可用时,则运行人员从主控制室撤离至应急控制点,利用应急控制点将试验堆带入并维持在安全停堆工况。

　　应急控制点系统的设计基准为仅考虑在主控制室撤离的情况下叠加丧失厂外电和单一能动故障,不再假设其他设计基准事件和事故,且此时一次边界是完整的。

　　应急控制点与主控制室分别处于不同的防火区,并且使操作人员能从主控制室很快地抵达。应急控制点系统所在房间没有应急可居留性要求,也不需要在设计基准地震下可用。

　　应急控制点系统的人机接口资源主要包括简化的计算机化工作站(简化的操纵员站)、应急控制台和运行模式切换箱。

　　1) 简化的计算机化工作站

　　应急控制点设置 2 套简化的计算机化工作站(操纵员站),其功能与主控制室的操纵员控制台相比适当简化。

计算机化工作站需要满足抗震Ⅰ类要求。

2）应急控制台

应急控制台上设置有运行模式切换开关（A列）、少量常规控制器（包括停堆按钮）和必要的通信设备。

常规控制台满足抗震Ⅰ类要求。

3）运行模式切换箱（B列）

当主控制室不可用时，通过运行模式切换箱将控制权从主控制室切换到应急控制点。应急控制点和主控制室的切换将在主控制室内触发报警，运行模式切换开关为SR级。运行模式切换开关A列位于应急控制点的应急控制台上；运行模式切换开关B列位于运行模式切换箱（B列）内，此切换开关箱位于应急控制点门外走廊上。

应急控制点系统设备布置如图8-2所示。

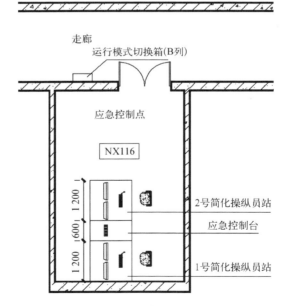

图8-2 应急控制点设备布置示意图

8.1.3 值班室

值班室主要执行同位素提取和放射性废物处理系统、设备状态与参数的监视、诊断及记录等,并通过计算机工作站对系统及设备进行控制。

同位素提取和放射性废物仪控系统的设计考虑在丧失厂外电工况下,系统和设备能正常运行,设备所在房间没有应急可居留性要求,也不需要在设计基准地震下可用。

值班室的人机接口资源主要包括以下内容。

1) 工作站

值班室内设置有 6 套工作站,2 套用于放射性废物处理系统进行系统、设备监视及操作,2 套用于同位素提取系统进行系统、设备监视及操作,1 套用于热室视频监视系统监视和操作,1 套用于工程师站。根据运行需求,每套工作站可以赋予指定的监控权限,同时可以在 1 台工作站失效时互为备用。每套工作站包括视频显示单元及鼠标、键盘等设备。工作站安装在坐姿控制台上,控制台的外形尺寸应符合人体工效学原则。工作站为非安全相关级。

2) 大屏幕

大屏幕主要用于显示重要系统与设备的状态和参数,布置在工作站前方,利于值班室内工作人员观察,有利于团队成员之间的配合,协调各项活动。

大屏幕仅提供显示功能,而无任何控制功能,其显示的信息包括报警总貌、关键参数、工作人员选择的显示画面等。

值班室内设置 2 块大屏幕(暂定)。大屏幕为非安全相关级,大屏幕的安装方式无抗震要求。值班室内设备布局如图 8-3 所示。

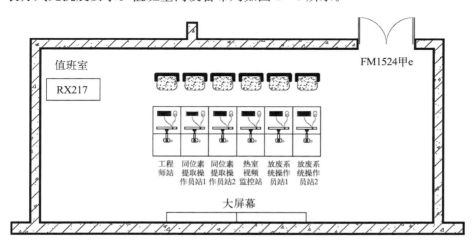

图 8-3　值班室设备布置示意图

8.2 反应堆核仪表系统

反应堆核仪表系统(KNI)的功能是连续监测反应堆功率和功率的变化率(反应堆周期)。为此,KNI 使用了设置在反应堆容器外的一系列测量中子注量率的探测器。

2 个源区段的计数率信号和反应堆周期信号,3 个中间区段的电流信号和反应堆周期信号,3 个功率区段的核功率信号被送到反应堆控制室系统,测量的信号被指示和记录,为操纵员提供在停堆、启堆和功率运行期间反应堆状态的信息,该系统测量范围从停堆到 150%FP(FP 代表满功率)。

3 个功率区段的核功率信号被送到棒控棒位系统,用于反应堆的功率调节。

核仪表系统的安全功能是在反应堆功率高和功率的变化率快(反应堆周期短)时触发反应堆停堆。

在地震过程中,系统始终保证其保护功能。

仪表机柜包括 KNI001AR、KNI002AR 和 KNI003AR 这 3 台保护机柜,机柜设计基于"模块"概念,每一模块完成特定的功能。从堆及生产线厂房中的中子探测器到信号处理,包括连接电缆,都要保持冗余保护通道的隔离。

在反应堆启动过程中,当源区段测量达到上限时,手动切断源区段中子探测器的高压电源。

在正常运行时,堆外核仪表系统投入使用。当源区段测量达到上限时,手动关闭"源区高压切除"开关,切断源区段中子探测器的高压电源。在反应堆功率运行阶段,当核功率与热功率测量偏差超过一定限值时,手动校正核功率,将核功率测量结果校正为与热功率一致。

反应堆监测和保护需要连续地了解整个通量范围内的中子注量率,其范围从停堆(反应堆启堆)到满功率运行,约 10 个数量级。

在满足所要求的性能和特性的同时,若要获得这样的通量覆盖范围,反应堆需要使用 3 种不同类型的探测器,每种覆盖整个通量范围的一部分,并有一定程度的重叠:

(1)用于源区段的正比计数管;

(2)用于中间区段的硼衬基补偿电离室;

(3)用于功率区段的硼衬基补偿电离室。

8.3　保护系统

反应堆保护系统监测与反应堆安全有关的重要参数,当这些参数超过安全分析确定的整定值时,自动触发紧急停堆和专设安全设施驱动,以限制事故发展和减轻事故后果,保证反应堆和人员的安全。

"反应堆保护系统"属于安全系统的范畴,广义的反应堆保护系统有一个较广泛的范围,包括从传感器到安全驱动器的所有设备。反应堆保护系统由反应堆紧急停堆系统和专设安全设施驱动系统组成。

反应堆保护系统是根据同位素生产试验堆项目系统划分原则而设置的一个反应堆专用仪控系统,虽然其名称为"反应堆保护系统",但它只包含广义的反应堆保护系统中执行保护逻辑处理的那一部分,它根据核反应堆一些物理参数的变化,通过对安全驱动器或控制棒驱动机构电源柜的控制,确保反应堆的安全。

为了解决预期瞬态不停堆的有关问题,还设计了多样化停堆系统,作为反应堆保护系统的补充。

反应堆保护系统的设计基准源于整个试验堆安全设计基准的要求,它根据试验堆安全纵深防御的思想并针对假定触发事件,规定系统安全功能,实现安全目标。具体地讲,紧急停堆系统的功能是保证燃料温度及氢气浓度不超过规定限值。紧急停堆系统主要针对预计运行事件及设计基准事故。

紧急停堆系统主要执行以下保护动作:紧急排料。

专设安全设施驱动系统主要执行的保护功能有氮气吹扫、二次边界隔离等。

此外,为保证系统在运行中的可靠性,反应堆保护系统还具有多种不直接与安全功能执行过程相关,但却与系统特定活动相关的服务功能,如在线自检和定期试验功能、故障诊断和局部故障处理等功能。

为应对由于数字化保护系统共模故障而不能执行预期的安全功能,设置多样化停堆系统。多样化停堆系统对选取的保护参数进行连续监测、阈值比较和表决。事故发生后,若保护参数超过整定值,则再次触发控制棒落棒。多样化停堆系统采用不同于反应堆紧急停堆系统的设备来实现,在设备上体现了多样性。

反应堆保护系统设计准则如下。

（1）自动保护：除非出现危险工况到要求保护动作之间有足够长的时间允许操纵员手动操作，否则所有保护动作都应是自动的。保护动作一旦触发，就应进行到底。

（2）单一故障准则：反应堆保护系统具有足够的冗余度，保证不会因为单一故障而丧失保护功能。应考虑发生在系统内部的、发生在辅助系统中的及由外部原因引起的故障。

（3）故障检测：为了能检测系统内部的故障，并核实系统性能与功能要求相一致，在反应堆停堆期间能对反应堆保护系统进行定期试验。

（4）控制与保护的接口：控制系统与保护系统共用探测器，为了防止控制系统的故障延伸到保护系统，信号传输通过隔离装置进行隔离。

共用部件（主要是探测器或传感器）的故障可能影响控制系统，从而要求保护系统动作。在这种情况下，相应的保护通道应具有足够的冗余度，即使一个通道发生故障，并假定另一个通道正在试验，也应能完成保护功能。

（5）防止共因故障：提供使反应堆保护系统免受共因故障影响的措施，减小这类同时影响冗余通道的故障概率。采用冗余装置间的实体分隔和电气隔离来限制外部事件的后果，考虑到共因故障可能源于系统内部，设计中采用多样性原理。

（6）保护功能的手动启动：系统级的每个保护动作，可以在控制室手动启动。手动启动所用设备的数量必须尽量少。

（7）质量鉴定：为了保证在任何设计基准事故以后，保护系统能完成它的保护功能，各种软硬件设备应进行质量鉴定。

（8）信息：与试验堆状态和反应堆保护系统状态有关的数据应明确、完整并及时地显示在控制室。这些显示使操纵员能跟踪保护系统的运行，在需要的时候启用手动控制。

8.4　反应堆棒控棒位系统

反应堆棒控棒位系统有如下功能。

（1）控制棒操作功能：根据外部操作指令，以指定速度驱动控制棒驱动机构（CRDM），带动控制棒向下或者向上运动。稳态运行时，棒控棒位系统提供固定的驱动电流给 CRDM，确保 CRDM 处于保持状态，将控制棒保持在一定位置。

（2）棒位测量功能：根据控制指令计算控制棒理论位置（给定棒位），并对控制棒实际位置（实测棒位）进行测量。

（3）逻辑处理相关功能：收集控制棒的实测棒位、给定棒位数据；根据控制棒棒位判断上下极限状态，并将其作为 CRDM 控制联锁指令；对外部信号（自动准备好、自动方向、自动棒速、多样化停堆信号、紧急停堆信号等）、操纵输入（手动方向等）及内部信号（极限状态等）进行逻辑判断，生成对 CRDM 的控制指令；将控制棒实测棒位、给定棒位及上下极限状态以总线方式发送至其他设备。

（4）停堆：当接收到多样化停堆系统的多样化停堆信号或反应堆保护系统的紧急停堆信号时，无论棒束是处于静止的或是运动的状态，均切断 CRDM 定子部件的供电，控制棒在重力作用下落棒。

反应堆堆芯反应性或中子注量率的控制，由移动含有中子吸收体的控制棒束在堆芯中的位置来实现。棒位监测及控制系统用于提升、插入和保持控制棒束，并监视每一控制棒束在堆芯中的位置。

反应堆功率调节系统根据工况和操纵需求产生控制棒组件的运动方向和速度信号来调节反应堆功率，实现功率控制，抑制运行瞬态，尽可能减少和防止试验堆紧急停堆。反应堆功率调节通过棒控系统实现，主控制室操作人员根据反应堆功率调节系统及其他接口信息，发布综合命令信号，使控制棒组件按规定的程序正确运行，实现反应堆的启堆、运行和停堆。

棒位指示系统用于测量和监视控制棒束在堆芯内的位置，尤其是控制室里各棒束的测量位置显示，为运行人员提供控制棒在堆芯里的真实位置。运行人员可根据棒束的相互位置和给定棒位计数器的位置来检查其棒位的正确性，还可根据主控室相应画面的各种指示来识别控制棒的失步、卡棒、落棒等。

8.5　同位素提取仪控系统

同位素提取仪控系统用于检测与热室系统运行状态有关的各种热工过程参数，如差压、温度、湿度检测等，并将测量信号传输至 DCS 进行显示、存储、报警等。仪控系统的主要功能如下：检测工艺系统、设备的状态及参数；实现现场设备的控制；在大屏幕上显示主要运行参数。

同位素提取仪控系统包含现场层、控制保护层和操作显示层的子系统和设备。

（1）现场层：主要为与工艺设备的接口设备，由传感器、执行器等现场设备组成，其中执行器部分为电气设备。仪控主要设备有变送器、就地显示仪表。

（2）控制保护层：控制保护层接收来自过程仪表系统的有关模拟量信号、通/断控制器的信号及执行机构或电气开关盘上的状态信息信号，对上述信号按要求分别进行逻辑处理和控制算法处理，同时与子系统以通信网络方式建立通信，给出相应的输出信号以实现相关功能，其主要用于各种控制对象（热室照明灯、电动机、电磁阀、电加热器等）开/关或启/停的控制，以及用于操纵员进行各项手动操作的必要的各种状态信号及报警信号。

（3）操作显示层：操作显示层为人机界面，操作员通过操作显示层远程监视和控制现场层设备状态，包含操作员站、大屏幕和工程师站。操作显示层具有显示、控制、历史数据查询、打印、存储等功能。

同位素提取仪控系统包含子系统如表 8-1 所示，对应的子系统在热室就地机柜间的交换机汇集后，再通过光纤远传至 NS 级 DCS 机柜。有下列几项。

I1 热室 γ 测量就地辐射处理单元，H 线热室 γ 测量就地辐射处理单元，Tc1 热室 γ 测量就地辐射处理单元用于监测相关区域的 γ 剂量水平。

I 线控制系统负责 I 轨道运输线行走电机、升降电机、过渡舱门电机，以及过渡舱照明灯具、传递窗密封门电机、视频装置屏蔽装置电机等设备的控制和监视。

表 8-1　同位素提取仪控系统子系统

序　号	名　　称
1	I1 热室 γ 测量就地辐射处理单元
2	H 线热室 γ 测量就地辐射处理单元
3	Tc1 热室 γ 测量就地辐射处理单元
4	I 线控制系统
5	H 线控制系统

（续表）

序　号	名　　　称
6	Tc 线控制系统
7	碘化钠纯化装置
8	碘化钠分装装置
9	高压蒸汽灭菌器
10	钼、碘提取分离装置
11	燃料纯化装置
12	沉淀反应装置
13	铀回收装置
14	蒸发浓缩装置 1
15	蒸发浓缩装置 2
16	料液储存与添加装置
17	钼酸钠纯化装置
18	钼酸钠分装装置
19	高压蒸汽灭菌器
20	钼酸钠料液吸附装置
21	淋洗取样装置

　　H 线控制系统负责 H 轨道运输线行走电机、升降电机、过渡舱门电机，以及过渡舱照明灯具、传递窗密封门电机、视频装置屏蔽装置电机等设备的控制和监视。

　　Tc 线控制系统负责 Tc 线轨道运输线行走电机、升降电机、过渡舱门电机，以及过渡舱照明灯具、传递窗密封门电机、视频装置屏蔽装置电机等设备的控制和监视。

　　碘化钠纯化装置、碘化钠分装装置、高压蒸汽灭菌器等是用于同位素提取生产配置的子系统。

8.6　放射性废物处理仪控系统

放射性废物处理仪控系统用于监测系统及设备运行状态（检测温度、压力、流量、液位及介质成分等），后送往集中放置的控制机柜进行处理，处理后的信息根据不同的功能要求送往相应的地方，并实现对系统及设备控制功能。仪控系统的主要功能包括如下几方面：检测工艺系统、设备的状态及参数；实现现场设备的控制；在大屏幕上显示主要运行参数。

放射性废物处理仪控系统包含现场层、控制保护层和操作显示层的子系统和设备。

（1）现场层：主要为与工艺设备的接口设备，由传感器、执行器等现场设备组成，其中执行器部分为电气设备。仪控主要设备有检测元件（热电阻、热电偶及节流装置等），变送器（温度、压力、流量、液位等），就地指示仪（压力表、温度计等）。

（2）控制保护层：本层由非安全级的数字化控制系统的机柜、其他就地控制系统及通信和网络设备组成，主要为控制机柜。放射性废物处理系统包含 3 个子系统（干燥成盐系统、工艺排气系统和放射性废气处理系统），通过 Modbus-TCP 协议远传至 DCS 机柜，实现对系统设备状态、过程参数的监视，同时实现对现场设备的控制。

（3）操作显示层：本层主要执行系统、设备状态与参数的监视、诊断及记录等功能，并通过计算机化工作站对系统及设备进行控制，主要为计算机化工作站及大屏幕。

第 9 章

典型事故分析

　　根据 HAF201—1995《研究堆设计安全规定》,研究堆的安全总目标是建立并维持一套有效的防御措施,以保护工作人员、公众和环境免受过量的放射性危害。为此,研究堆的系统、设备和工程设计采取了可靠的安全措施、留有足够的安全裕量,使得可能的事故后果满足验收准则要求。本章主要从确定论安全分析方面介绍本试验堆工况划分情况,并针对其中关键事故分析做介绍。

9.1　安全设计理念及事故缓解措施概述

　　研究堆的安全总目标是建立并维持一套有效的防御措施,以保护工作人员、公众和环境免受过量的放射性危害,为了达到上述安全目标,反应堆设计采用纵深防御原则,运行上考虑了 4 个防御层次,具体如下:稳态运行,减少偏离;纠正偏离,防止事故;限制事故发展,保持放射性包容;落实应急响应计划,减轻放射性物质后果。

　　作为水溶液型燃料反应堆,反应堆正常运行温度、压力较低,热风险比较不突出,然而运行过程中燃料溶液中的水受到辐解产生氢气和氧气,给反应堆带来了氢气风险。为了应对氢气风险,从防爆设计、氢气复合功能监测、事故工况下的氢气风险缓解及氢气燃爆的后果 4 个层面贯彻纵深防御的安全设计理念。

　　1) 防爆设计

　　根据 GB 50058—2014《爆炸危险环境电力装置设计规范》的要求及反应堆运行过程中的氢气风险特性,对反应堆系统开展了防爆设计。

　　2) 氢气复合功能监测

　　氢气复合功能的实现主要依靠气体复合系统流量及氢氧复合器的非能动

消氢功能,为了监测气体复合功能,气体复合系统流量为安全级保护信号。

3)事故工况下的氢气风险缓解

在事故工况下,为了避免氢气产率过高而导致氢气风险,设置"反应堆功率高"作为保护信号,此外设置氮气吹扫作为安全专设设施,降低事故过程中及事故后的氢气浓度。

4)氢气燃爆的后果

对于假想事故下最恶劣的氢气浓度开展氢气燃爆后果分析,分析结果表明:即使在最恶劣工况下,氢气燃爆产生的峰值压力仍然低于系统的设计压力。

9.2 确定论安全分析

确定论安全分析的内容是分析核反应堆对假设的设备扰动、误动作或故障的响应。这些事故工况由一些典型的、可能发生或必须考虑的初因事件代表。确定论安全分析的目的是验证安全系统设计的有效性,评价事故下试验堆和人员的安全性。

9.2.1 事故分类及限制准则

按运行状态和事故状态共分为4种工况:工况Ⅰ(正常运行工况);工况Ⅱ(预期运行事件);工况Ⅲ(设计基准事故);工况Ⅳ(超设计基准事故)。

1)正常运行工况

正常运行工况指同位素生产试验堆正常运行过程中经常出现的状态和瞬态。该类工况所属事件引起物理参数的变化不会达到保护系统动作的整定值。

2)预期运行事件

预期运行事件所属的状态是指在同位素生产试验堆寿期内可能发生一次至数次的偏离正常运行的所有运行过程。在该类工况发生后,当达到规定的限值时,保护系统能够紧急触发停堆;在采取适当的纠正措施后能恢复反应堆的运行。其验收准则如下:

(1)一个独立的预期运行事件应不导致事故工况发生,尤其是预期运行事件不应引起任何一道裂变产物边界的损坏;

(2)燃料溶液不允许发生整体(体积)沸腾;

（3）氢气平均体积分数不超过 4%；

（4）运行压力不超过系统设计压力的 110%。

3）设计基准事故

设计基准事故指在整个寿期的运行中,发生的可能性极小,但后果可能较为严重的事故。该类事故应遵循如下验收准则：

（1）燃料溶液不允许发生整体（体积）沸腾；

（2）运行压力不超过系统设计压力的 110%；

（3）非居住区边界上个人（成人）在整个事故持续时间（30 d）内可能受到的有效剂量应小于 10 mSv,甲状腺当量剂量应控制在 100 mSv 以下。

4）超设计基准事故

超设计基准事故是指不在设计基准事故考虑范围的事故工况,该事故工况的放射性物质释放应在可接受限值以内,确保从技术上不需要采取场外干预措施。该类事故应遵循如下验收准则：

（1）运行压力不超过系统设计压力的 120%；

（2）非居住区边界上个人（成人）在整个事故持续时间（30 d）内可能受到的有效剂量应小于 10 mSv,甲状腺当量剂量应控制在 100 mSv 以下。

9.2.2　始发事件的选取

事故分析中对每一假设的始发事件按下列情况分类。

1）过量反应性引入

（1）零功率控制棒失控提升,该事故属于预期运行事件。

（2）中间功率控制棒失控提升,该事故属于预期运行事件。

（3）满功率控制棒失控提升,该事故属于预期运行事件。

（4）溶液流体误加压,该事故属于预期运行事件。

（5）功率运行过程中燃料溶液过冷,该事故属于预期运行事件。

（6）装料或启动过程燃料溶液过冷,该事故属于预期运行事件。

（7）落棒事故,该事故属于预期运行事件。

（8）燃料溶液误装载,该事故属于预期运行事件。

（9）反应堆溶液形状改变,该事故属于预期运行事件。

（10）冷却盘管破裂,该事故属于设计基准事故。

（11）冷却盘管集流管破裂,该事故属于设计基准事故。

（12）零功率控制棒失控提升未能紧急停堆的预期瞬态（ATWS）,该事故属于超设计基准事故。

（13）满功率控制棒失控提升 ATWS,该事故属于超设计基准事故。

2）冷却减少

（1）一次冷却水流量全部丧失,该事故属于预期运行事件。

（2）二次冷却水流量全部丧失,该事故属于预期运行事件。

（3）一次冷却水泵卡转轴,该事故属于设计基准事故。

（4）一次冷却水边界破裂(堆池外),该事故属于设计基准事故。

3）燃料溶液处理不当

（1）反应堆燃料溶液浓度异常升高,该事故属于预期运行事件。

（2）反应堆燃料溶液浓度异常降低,该事故属于预期运行事件。

4）一次边界破裂

（1）燃料溶液输送管破裂,该事故属于设计基准事故。

（2）紧急排料管线破裂,该事故属于设计基准事故。

（3）气体复合系统边界破裂,该事故属于设计基准事故。

5）电源丧失

（1）丧失正常电源,该事故属于预期运行事件。

（2）丧失正常电源 ATWS,该事故属于超设计基准事故。

6）外部事件

（1）风和龙卷风的载荷。

（2）水淹(洪水)。

（3）飞射物防护。

（4）地震危害。

（5）火灾和爆炸。

7）设备操作不当或发生故障

（1）气体复合系统冷却功能丧失,该事故属于预期运行事件。

（2）气体复合系统强迫流量丧失,该事故属于预期运行事件。

（3）废气处理系统边界破裂,该事故属于设计基准事故。

8）大且无阻尼功率振荡

（1）气体复合系统故障导致的燃料溶液压力波动,该事故属于预期运行事件。

（2）冷却水温度控制故障导致的燃料溶液温度波动,该事故属于预期运行事件。

9) 可燃气体混合物的爆炸或爆燃

(1) 气体复合系统故障导致的氢气爆炸或爆燃,该事故属于设计基准事故。

(2) 冷却水辐射分解导致的氢气爆燃,该事故属于设计基准事故。

10) 爆炸以外的意外放热化学反应

NO_x 的意外放热,该事故属于预期运行事件。

11) 设施系统相互影响事件

(1) 支持系统功能丧失,该事故属于预期运行事件。

(2) 化学释放,考虑"可燃气体混合物的爆炸或爆燃"和"爆炸以外的意外放热化学反应"两类。

(3) 保卫事故(人为破坏)。

(4) 误入限制区(人员干预)。

12) 设施特定事件

同位素提取系统边界破裂,该事故属于设计基准事故。

9.3 典型事故分析

针对上述始发事件,设计方开展了详细的安全分析,并通过了初步安全分析报告(PSAR)安全审评,本书选取其中典型事故进行介绍,包括丧失电源、零功率控制棒失控提升和气体复合系统流量丧失 3 种典型事故。

9.3.1 丧失电源

溶液型燃料反应堆一次冷却水系统和气体回路分别由两列正常电源供电。如果气体回路正常电源丧失,则气体回路流量迅速降低并触发气体流量低紧急停堆信号,实现反应堆紧急停堆。若是一次冷却水系统正常电源丧失,则一次冷却水泵惰转,反应堆内热量来不及带出反应堆,导致燃料溶液温度不断升高,可能触发燃料溶液温度高信号,从而导致反应堆紧急停堆。若是两列正常电源同时丧失,则可由上述任一反应堆保护信号实现紧急停堆。事故发生后,反应堆热量通过容器与反应堆水池间的自然对流将堆芯余热排至堆水池。

由于断电导致的气体回路流量低紧急停堆信号早于燃料溶液温度高紧急停堆信号,因此从安全分析保守性的角度出发,仅对由温度高紧急停堆信号触发的事故瞬态过程开展分析。

丧失电源属于预期运行事件,其限制准则如下:不允许发生整体(体积)沸腾,事故瞬态过程中最大压力小于110%的设计压力,氢气平均体积分数不超过4%。

以下信号可触发反应堆紧急停堆:气体回路流量低停堆信号,燃料溶液温度高停堆信号。

本节针对正常电源丧失热风险及超压风险开展评价。

1)分析方法

利用RELAP5程序计算溶液堆丧失电源事故发生后的瞬态过程。

2)主要假设

丧失电源热风险及超压风险评价使用的假设值如表9-1所示。

表9-1 丧失电源热风险及超压风险评价使用的假设值

参　　数	数　　值
反应堆功率与FP之比/%	120
初始燃料溶液平均温度/℃	86.3
堆水池平均温度/℃	41.0
燃料溶液体积/L	124.9
气泡份额/%	0.752(大产气率) 0.314(小产气率)
一次冷却水入口温度/℃	13.0+2.0=15.0
一次冷却水初始质量流量/(t/h)	7.2×(1−10%)=6.48
温度大反馈系数/(pcm/℃)	−35.0×(1+10%)=−38.5
温度小反馈系数/(pcm/℃)	−30.0×(1−10%)=−27.0
气泡大反馈系数/[pcm/(1%气泡份额)]	−401×(1+10%)=−441
气泡小反馈系数/[pcm/(1%气泡份额)]	−319×(1−10%)=−287
大产气速率/[mol/(kW·s)]	2.93
小产气速率/[mol/(kW·s)]	9.28

（续表）

参　　　数	数　　　值
燃料溶液温度高保护参数定值/℃	93.0
燃料溶液温度高保护参数延迟时间/s	5.6
紧急排料阀全开时间/s	3.0

（1）初始工况。反应堆初始功率为额定满功率加上最大的稳态热工测量误差和最大功率波动幅度；反应堆初始压力为名义值减去最大的稳态波动和测量误差；假设一次冷却水流量为名义值减去最大的稳态波动和测量误差；一次冷却水入口温度为名义值加上最大的稳态波动和测量误差；燃料溶液体积为全寿期最小体积；反应堆水池恒温平均温度为名义值加上最大的稳态控制带和测量误差。

（2）初因事件与功能假设。假定 $t=0$ s 时发生电源丧失事故，一次冷却水流量完全丧失。

（3）与堆芯相关假设。计算中燃料溶液的温度反馈系数最大值取 -38.5 pcm/℃，温度反馈系数最小值取 -27 pcm/℃。

计算中，气泡反馈系数最大值取 -441 pcm/（1％气泡份额），气泡反馈系数最小值取 -287 pcm/（1％气泡份额）。

计算中，产气速率最大值为 2.93×10^{-4}/mol/（kW·s），产气速率最小值为 9.28×10^{-5}/mol/（kW·s）。

燃料溶液温度反馈系数、气泡反馈系数及产气速率按照全寿期绝对数值的最大和最小进行组合，共分析以下 8 种假设。

假设 1：气泡小反馈系数，小产气速率，温度小反馈系数。
假设 2：气泡大反馈系数，大产气速率，温度小反馈系数。
假设 3：气泡小反馈系数，小产气速率，温度大反馈系数。
假设 4：气泡大反馈系数，大产气速率，温度大反馈系数。
假设 5：气泡小反馈系数，大产气速率，温度小反馈系数。
假设 6：气泡大反馈系数，小产气速率，温度小反馈系数。
假设 7：气泡小反馈系数，大产气速率，温度大反馈系数。
假设 8：气泡大反馈系数，小产气速率，温度大反馈系数。

3）计算结果及结论

根据计算分析可得，就热准则而言，停堆时刻最不利工况为假设 3 种工况：气泡小反馈系数工况，小产气速率工况，温度大反馈系数工况。

（1）事件序列。表9－2给出了事故后的事件序列。

表9－2　丧失电源热风险及超压风险评价假设3种工况下事故序列

事　　　件	时间/s
电源丧失	0.0
一次冷却水系统内冷却水流量完全丧失	0.0
燃料溶液温度高，达到停堆信号整定值(93.0 ℃)	142.2
紧急排料阀全开	150.8
燃料溶液平均温度达到峰值(87.9 ℃)	150.8

（2）瞬态结果。图9－1至图9－6给出了在事故过程中以下参数随时间的变化曲线：反应堆功率，反应堆反应性，燃料溶液平均温度，反应堆容器外壁和一次冷却水换热功率，反应堆压力，堆芯气泡份额。

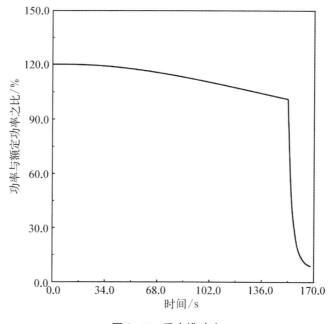

图9－1　反应堆功率

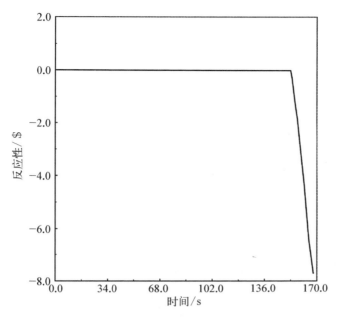

图 9－2　反应堆反应性

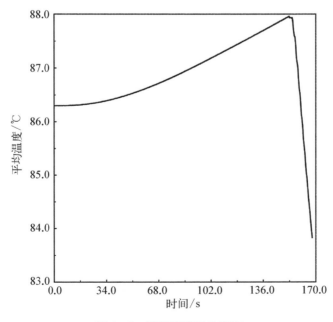

图 9－3　燃料溶液平均温度

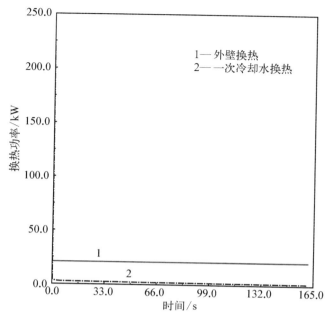

图 9 - 4　反应堆容器外壁和一次冷却水换热功率

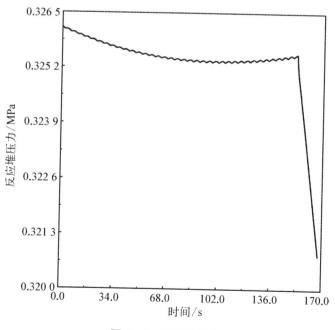

图 9 - 5　反应堆压力

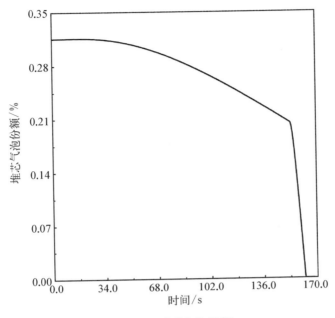

图 9-6　堆芯气泡份额

计算结果表明：在整个瞬态过程中，燃料溶液最高平均温度为 87.9 ℃，最大压力为 0.326 MPa。瞬态过程中燃料溶液平均温度小于安全限值。

丧失电源发生后，一次冷却水系统流量丧失并快速丧失带热能力，之后反应堆紧急排料系统阀门开启，反应堆功率迅速下降，余热通过反应堆容器外壁导入堆水池，整个瞬态过程燃料溶液平均温度持续下降，反应堆余热可有效导出。

上述分析表明：反应堆满功率运行时，发生电源丧失事故导致紧急停堆后，通过反应堆容器外壁自然对流冷却可以确保燃料溶液不会沸腾，进而保证反应堆的安全。

（3）结论。在整个事故发生过程中，对整个寿期不同反应性反馈系数进行包络分析，分析结果表明，燃料溶液不会发生整体沸腾，整个瞬态过程压力低于 110% 系统设计压力，满足准则要求。

9.3.2　零功率控制棒失控提升

本节针对瞬态过程中零功率控制棒失控提升事故的热风险及超压风险开展分析。

在零功率状态时，由于操纵员误操作或电器机械发生故障可能导致连续误提棒。在零功率连续提棒使核功率快速升高，热功率和溶液温度也随之升高，最终触发保护后，反应堆排料停堆。

零功率控制棒失控提升属于预期运行事件，限制准则为：不允许发生整体（体积）沸腾，事故瞬态过程中最大压力小于 110% 系统设计压力，氢气平均体积分数低于 4%。

以下信号可触发反应堆紧急停堆：燃料溶液局部温度高，反应堆周期短，反应堆核功率高。

本节针对零功率控制棒失控提升热风险及超压风险开展评价。

1）分析方法

利用 RELAP5 程序计算溶液堆在零功率控制棒失控提升事故发生后的瞬态过程。

2）主要假设

表 9-3 给出了事故计算中使用的主要假设值。

表 9-3　零功率控制棒失控提升热风险及超压风险评价使用的假设值

参　　数	数　　值
反应堆功率/FP	10^{-13}
反应堆容器初始压力/MPa	$0.3+0.026=0.326$
初始燃料溶液平均温度/℃	41.0
堆水池平均温度/℃	$40.0+1.0=41.0$
燃料溶液体积/L	124.9
气泡份额/%	0
一次冷却水入口温度/℃	$13.0+2.0=15.0$
一次冷却水初始质量流量/(t/h)	0
温度大反馈系数最大值/(pcm/℃)	$-35.0\times(1+10\%)=-38.5$
温度小反馈系数最大值/(pcm/℃)	$-30.0\times(1-10\%)=-27.0$
气泡大反馈系数最大值/[pcm/(1%气泡份额)]	$-401\times(1+10\%)=-441$

（续表）

参　　数	数　　值
气泡小反馈系数最大值/[pcm/(1%气泡份额)]	$-319\times(1-10\%)=-287$
产气速率最大值/[mol/(kW·s)]	2.93×10^{-4}
产气速率最小值/[mol/(kW·s)]	9.28×10^{-5}
反应堆核功率高停堆定值/FP	135%
反应堆核功率高信号延迟时间/s	0.7
燃料溶液温度高停堆定值/℃	93
燃料溶液温度高信号延迟时间/s	5.6
紧急排料阀门全开时间/s	3.0

注：FP 表示"满功率"。

（1）初始工况。反应堆初始压力为名义值加上最大的稳态波动和测量误差。

（2）初因事件与功能假设。假定 $t=0$ s 时发生控制棒失控提升；假定一次冷却水流量未开启。

（3）与堆芯相关假设。计算中，燃料溶液的温度反馈系数最大值取 -38.5 pcm/℃，温度反馈系数最小值取 -27 pcm/℃。

计算中，气泡反馈系数最大值取 -441 pcm/(1%气泡份额)，气泡反馈系数最小值取 -287 pcm/(1%气泡份额)。

计算中，产气速率最大值为 2.93×10^{-4} mol/(kW·s)，产气速率最小值为 9.28×10^{-5} mol/(kW·s)。

燃料溶液温度反馈系数、气泡反馈系数及产气速率按照全寿期绝对数值最大和最小进行组合，共分析以下 8 种假设。

假设 1：温度小反馈系数，气泡小反馈系数，大产气速率。

假设 2：温度小反馈系数，气泡大反馈系数，大产气速率。

假设 3：温度大反馈系数，气泡小反馈系数，大产气速率。

假设 4：温度大反馈系数，气泡大反馈系数，大产气速率。

假设 5：温度小反馈系数，气泡小反馈系数，小产气速率。

假设 6：温度小反馈系数，气泡大反馈系数，小产气速率。

假设 7：温度大反馈系数，气泡小反馈系数，小产气速率。

假设 8：温度大反馈系数，气泡大反馈系数，小产气速率。

事故分析中采用包络的反应性谱模拟反应性引入，同位素生产试验堆控制棒最大提升速度限值为 1 mm/s，控制棒最大微分价值为 232 pcm/cm，因此反应性谱从 1 pcm/s 开始至 26 pcm/s 结束。

3）计算结果及结论

根据计算分析可得，就热准则而言，最不利工况为：假设 3 工况，反应性引入速率 1 pcm/s 工况，燃料溶液平均温度达到 89.8 ℃工况。

（1）事件序列。表 9-4 给出了事故后的事件序列。

表 9-4　零功率控制棒失控提升热风险及超压风险评价 3 种工况下事故序列

事　　件	时间/s
控制棒失控提升	0
燃料溶液最高温度达到 93 ℃	1 902.3
紧急停堆信号触发	1 907.9
最大核功率(107.8%FP)	403.7
紧急排料阀全开	1 910.9

（2）瞬态结果。图 9-7 至图 9-12 给出了事故过程中以下参数随时间的变化曲线：反应堆功率，反应堆反应性，燃料溶液平均温度，反应堆容器外壁和一次冷却水换热功率，反应堆压力和堆芯气泡份额。

计算结果表明：事故发生后，零功率控制棒失控提升引入正反应性，反应堆功率和燃料溶液温度升高。随着反应堆功率和燃料溶液温度的增加，触发燃料溶液温度高紧急停堆信号，通过紧急排料使反应堆安全停堆，并通过容器与堆水池间的自然对流实现余热导出。在整个瞬态过程中，燃料溶液最高平均温度为 89.8 ℃，最大压力为 0.326 MPa。

（3）结论。在整个事故发生过程中，对整个寿期不同反应性反馈系数进行包络分析。分析结果表明，燃料溶液不会发生整体沸腾，整个瞬态过程压力低于 110% 系统设计压力，满足准则要求。

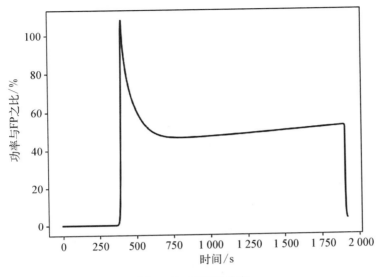

图 9-7 反应堆功率

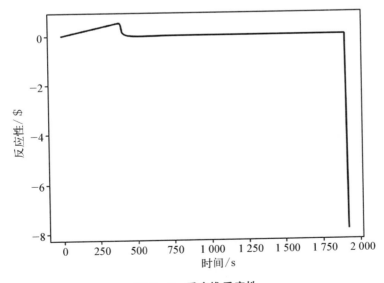

图 9-8 反应堆反应性

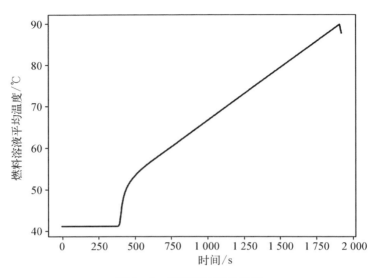

图 9-9 燃料溶液平均温度

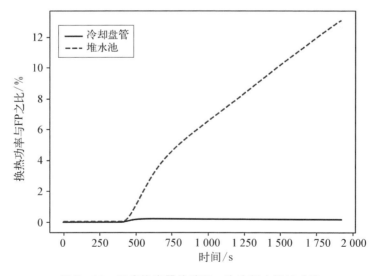

图 9-10 反应堆容器外壁和一次冷却水换热功率

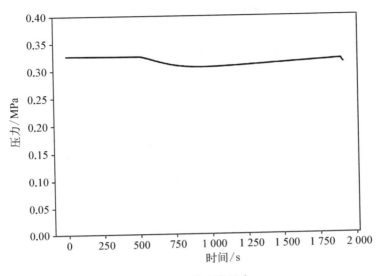

图 9 - 11　反应堆压力

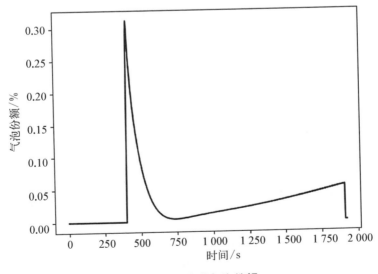

图 9 - 12　堆芯气泡份额

9.3.2.1 氢气风险评价

本节针对零功率控制棒失控后提升的氢气风险开展评价。

1）分析方法

利用 RELAP5 程序计算溶液堆在零功率控制棒失控提升事故发生后的瞬态过程。

2）主要假设

表 9－5 给出了事故计算中使用的主要假设值。

表 9－5　零功率控制棒失控提升氢气风险评价使用的假设值

参　　　数	数　　　值
反应堆功率/FP	10^{-13}
反应堆容器初始压力/MPa	0.1
初始燃料溶液平均温度/℃	11.8
初始氢气平均体积分数/%	0
初始载气回路体积流量/(m³/h)	$180 \times (1-3.5\%) = 173.7$
堆水池平均温度/℃	5.0
燃料溶液体积/L	144.8
气泡份额/%	0
一次冷却水入口温度/℃	$13.0 - 1.0 = 12.0$
一次冷却水初始质量流量/(t/h)	$7.2 \times (1+5.6\%) = 7.6$
温度大反馈系数最大值/(pcm/℃)	$-35.0 \times (1+10\%) = -38.5$
温度小反馈系数最大值/(pcm/℃)	$-30.0 \times (1-10\%) = -27.0$
气泡大反馈系数最大值/[pcm/(1%气泡份额)]	$-401 \times (1+10\%) = -441$
气泡小反馈系数最大值/[pcm/(1%气泡份额)]	$-319 \times (1-10\%) = -287$
产气速率最大值/[mol/(kW·s)]	2.93×10^{-4}

（续表）

参　　数	数　　值
产气速率最小值/[mol/(kW·s)]	9.28×10^{-5}
反应堆核功率高停堆定值(FP)	135%
反应堆核功率高信号延迟时间/s	0.7
燃料溶液温度高停堆定值/℃	93
燃料溶液温度高信号延迟时间/s	5.6
紧急排料阀全开时间/s	3.0
氮气吹扫体积流量/(L/s)	40.0
氮气吹扫系统阀门全开时间/s	3.0

（1）初始工况：反应堆初始功率为满功率的 1×10^{-13}。

（2）初因事件与功能假设：假定 $t = 0$ s 时发生控制棒失控提升。

（3）与堆芯相关假设：计算中,燃料溶液的温度反馈系数最大值取 -38.5 pcm/℃,温度反馈系数最小值取 -27 pcm/℃。

计算中,气泡反馈系数最大值取 -441 pcm/(1%气泡份额),气泡反馈系数最小值取 -287 pcm/(1%气泡份额)。

计算中,产气速率最大值为 2.93×10^{-4} mol/(kW·s),产气速率最小值为 9.28×10^{-5} mol/(kW·s)。

燃料溶液温度反馈系数、气泡反馈系数及产气速率按照全寿期绝对数值最大和最小进行组合,共分析以下 8 种假设。

假设 1：温度小反馈系数,气泡小反馈系数,大产气速率。

假设 2：温度小反馈系数,气泡大反馈系数,大产气速率。

假设 3：温度大反馈系数,气泡小反馈系数,大产气速率。

假设 4：温度大反馈系数,气泡大反馈系数,大产气速率。

假设 5：温度小反馈系数,气泡小反馈系数,小产气速率。

假设 6：温度小反馈系数,气泡大反馈系数,小产气速率。

假设 7：温度大反馈系数,气泡小反馈系数,小产气速率。

假设 8：温度大反馈系数，气泡大反馈系数，小产气速率。

事故分析中采用包络的反应性谱模拟反应性引入，同位素生产试验堆控制棒最大提升速度限值为 1 mm/s，控制棒最大微分价值为 232 pcm/cm，因此反应性谱从 1 pcm/s 开始，至 26 pcm/s 结束。

3）计算结果及结论

根据计算结果可知，对于氢气风险而言，最恶劣工况为假设 I 工况，对应反应性引入速率为 26 pcm/s，最高功率达到 992.3% FP，最大氢气平均体积分数 3.77%（满足氢气准则限值）。

（1）事件序列。表 9-6 给出了事故后的事件序列。

表 9-6　零功率控制棒失控提升氢气风险评价最恶劣工况下事故序列

事　　件	时间/s
控制棒失控提升	0
核功率达到 135% FP	27.4
紧急停堆信号触发	28.1
气体复合系统失效	28.1
达到最大核功率（992.3% FP）	27.8
氢气平均体积分数达到最大值（3.77%）	31.6
氮气吹扫系统阀门全开	31.1
紧急排料阀门全开	31.1

（2）瞬态结果。图 9-13 至图 9-14 给出了事故过程中以下参数随时间的变化曲线：反应堆功率和堆芯氢气体积分数。

计算结果表明，事故发生后，零功率下控制棒失控提升引入正反应性，反应堆功率和燃料溶液温度升高。在事故过程中，随着反应堆功率的增加，氢气产量开始增加，当反应堆功率达到 135% FP 时触发反应堆功率高紧急停堆信号，通过紧急排料系统使反应堆安全停堆，并通过氮气吹扫系统降低氢气浓度，氢气产量开始降低。在整个瞬态过程中，氢气最高平均体积分数达 3.77%，反应堆最高功率为 992.3% FP。

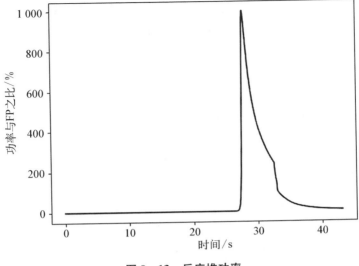

图 9-13　反应堆功率

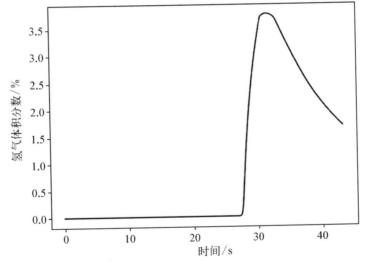

图 9-14　堆芯氢气体积分数

9.3.3　气体复合系统流量丧失

本节对气体复合系统气体流量丧失引起的瞬态过程开展分析。

同位素生产试验堆采用硝酸铀酰溶液作为燃料,硝酸铀酰水溶液随着堆运行将有部分水分解成氢气和氧气,设计中采用气体复合系统将反应堆正常功率运行期间产生的氢气、氧气复合成水,以防止氢气燃烧或爆炸。事故工况下,如果氢气复合系统发生故障,一回路内氢气浓度可能上升,威胁一回路边界完整性。因此,针对气体复合系统气体流量丧失事故工况下的氢气风险进行分析。

气体复合系统的气体流量丧失属于预期运行事件,其限制准则如下:不允许发生整体(体积)沸腾,事故瞬态过程中最大压力小于110%系统设计压力,氢气平均体积分数低于4%。

在气体复合系统气体流量丧失事故中,载气回路流量低这一信号可触发反应堆紧急停堆。

事故发生后,气回路流量下降到停堆定值后1.1 s触发反应堆停堆,停堆信号之后延迟5 s紧急排料阀门打开开始排料,反应堆功率随之降低,堆芯温度同时下降,直至将反应堆容器内料液排光,整个过程中由于未引入反应性,功率不会升高,其整个过程中的热风险及超压风险能够被满功率控制棒失控提升事故包络。因此,本节主要关注事故氢气风险。

1) 分析方法

利用 RELAP5 程序计算气体复合系统气体流量丧失事故发生后的氢气风险。

2) 初始工况及主要假设

表 9-7 给出了事故分析计算中使用的主要假设值。

表 9-7　气体复合系统气体流量丧失热风险及超压风险评价使用的假设值

参　数	数　值
反应堆功率(FP)/%	120
反应堆容器初始压力/MPa	0.1
最大产气速率/[mol/(kW·s)]	2.93×10^{-4}
初始氢气体积分数/%	2.487
燃料溶液体积/L	144.8
反应堆气空间容积/L	500
气体复合系统初始载气体积流量/(m³/h)	$180 \times (1-3.5\%) = 173.7$

（1）初始工况。反应堆初始功率为额定满功率加上最大的稳态热工测量误差和最大功率波动幅度;反应堆初始压力为名义值减去最大的稳态波动和测量误差;反应堆初始载气回路流量为额定流量减去最大测量偏差。

（2）初因事件与功能假设。假定：$t=0$ s 时气体复合系统气体流量丧失,事故过程中氢气产生速率与反应堆功率成正比,事故过程中气体复合系统不可用。

3）计算结果及结论

（1）事件序列。表 9-8 给出了气体复合系统气体流量丧失的事件序列。

表 9-8　气体复合系统气体流量丧失热风险及超压风险评价事件序列

事件	时间/s
气体复合系统循环泵失效事故发生	0
气回路载气流量低触发停堆保护信号	1.1
氮气吹扫阀门全开	4.1
紧急排料阀门全开	4.1

（2）瞬态结果。图 9-15 到图 9-16 给出了反应堆功率和堆芯氢气体积分数随时间的变化曲线。

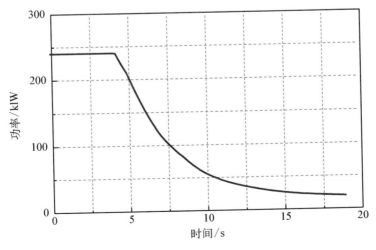

图 9-15　反应堆功率

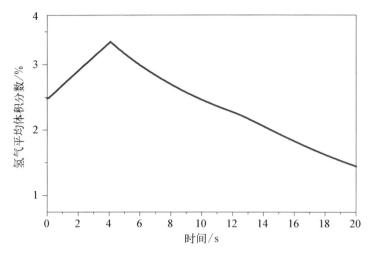

图 9 - 16　堆芯氢气体积分数

　　事故发生后,由于气回路流量下降导致消氢能力下降,反应堆容器内氢气浓度逐渐上升。气回路流量下降到停堆定值后 1.1 s 触发反应堆停堆,事故发生后 4.1 s 触发氮气吹扫措施,停堆信号之后延迟 3 s 实现紧急停堆,紧急停堆排料系统开始动作。随着停堆成功,堆芯功率在停堆后开始逐渐下降,堆芯产氢速率也随之下降。整个瞬态计算结束时,氢气平均体积分数最高达 3.55%。

　　(3) 结论。整个瞬态过程中堆容器出口氢气平均体积分数低于可燃限值,满足准则要求。

第 10 章
同位素产品质量检测

同位素生产试验堆生产的 ^{99}Mo、^{131}I 同位素产品是用于生产放射性药品的原料,其质量关系人民生命健康,必须严格按照规范的方法对规定的技术指标,如性状、核纯度、放射化学纯度、放射性浓度等进行检测,确保出厂产品满足技术指标要求,以保证质量。

10.1 产品质量标准

同位素生产试验堆可生产的放射性同位素产品有 ^{99}Mo、^{131}I 和 ^{89}Sr 这 3 种,为了实现将本项目生产的核素产品应用于临床诊断和治疗,放射性核素产品的化学性状、核纯度、放射化学纯度和杂质含量等指标须达到医用的技术指标要求。本项目所生产的放射性核素产品质量指标主要参考和遵循现行中国药典对放射性核素的技术指标要求。

1) 钼[^{99}Mo]酸钠溶液

(1) 性状:产品为无色或几乎无色澄明液体。

(2) 溶液呈碱性。

(3) 放射性核纯度:^{131}I 含量不大于 5×10^{-3}%,^{103}Ru 含量不大于 5×10^{-3}%,^{132}Te 含量不大于 5×10^{-3}%,α 核素总含量不大于 1×10^{-7}%,除 ^{99}Mo、^{99m}Tc、^{131}I、^{103}Ru 和 ^{132}Te 外的 γ 核素总含量不大于 1×10^{-2}%。

(4) 放射化学纯度:^{99}Mo 和 ^{99m}Tc 含量不小于 95%。

2) 碘[^{131}I]化钠溶液

(1) 性状:产品为无色澄明液体。

(2) pH 值:应为 7.0~10.0。

(3) 放射性核纯度:^{131}I 含量不小于 99.9%。

（4）放射化学纯度：应不低于 95%。

3）氯化锶[^{89}Sr]溶液

（1）性状：产品为无色澄明液体。

（2）pH 值：应为 4.0～7.5。

（3）含锶量每 1 mL 中应为 6.0～12.5 mg。

（4）铝的含量不大于 10 μg/mL，铁的含量不大于 20 μg/mL，铅的含量不大于 20 μg/mL。

（5）放射性核纯度：产品 γ 放射性核素杂质的量不得超过 1.0%。

（6）^{90}Sr 与 ^{89}Sr 活度的比值应小于 2×10^{-4}%。

10.2 主要分析方法

本节就放射性同位素产品质量的常规分析项目做简要分析介绍，并分别介绍 ^{99}Mo、^{131}I 和 ^{89}Sr 这 3 种医用放射性同位素的产品质量分析方法。

10.2.1 主要分析项目

放射性同位素产品质量指标的分析项目主要有核素种类鉴别、pH 值、金属杂质含量、放射性核纯度、放射化学纯度、放射性活度、放射性浓度等。

1）鉴别

放射性核素的鉴别是利用放射性核素固有的衰变特性来辨认核素。精确测量放射性核素的 γ 射线能谱、半衰期或质量吸收系数，是鉴别放射性药品的基本手段。

（1）γ 谱仪法。取样品使用高纯锗半导体 γ 谱仪，经过已知能量的 γ 射线系列源进行能量刻度，即测量放射性样品中核素的 γ 射线能谱。样品测量的放射性核素 γ 射线能谱应与该核素固有的 γ 射线谱一致。

（2）半衰期测定法。根据放射性核素的性质，选择合适的探测仪器，根据仪器的测量范围和核素半衰期，将适量样品制成一定形态的源，并保持源与仪器探测的几何条件不变，然后按一定时间间隔测量计数率，测定次数不少于 3 次，测定时间不低于固有半衰期的 1/4。以时间为横坐标，测量的计数率为纵坐标，在半对数坐标纸上绘图，由图计算直线斜率，得到半衰期 $T_{1/2}$，与其固有半衰期比较，误差应不大于±5%。

测量过程应注意以下几点：① 测量仪器保持长期稳定性；② 保持测量仪

器的几何条件不变;③ 根据放射性活度强弱,注意死时间校正。

放射性核素有关刻度和测量的有效性(重复性)取决于源与探测器机器几何条件的可重复性,在实际测量中应严格保持一致。

死时间或失效时间 τ 是指探测系统能记录下来的 2 个相邻脉冲所需要的最小时间间隔。在实际测量时,如果计数率相当高,则必须加以校正,以求得真正的计数率。实测计数率 m 和真正计数率 n 的比,称为死时间校正因数 f_τ:

$$f_\tau = \frac{m}{n} = 1 - mr \, (mr \ll 1)$$

(3) 质量吸收系数法。一般用于较长半衰期的纯 β 放射性核素。以 ^{32}P 为例:将 ^{32}P 溶液制成一个薄膜源,置于合适的计数器(计数约为 20 000 次/min)下,选择质量厚度为 20～50 mg/cm^2 各不相同的至少 6 片铝吸收片和 1 片至少 800 mg/cm^2 的铝吸收片,单独并连续测定计数率。为了减少散射效应,样品和吸收片应尽可能地接近探测器,各吸收片的计数率减去 800 mg/cm^2 或更厚吸收片的计数率,得到净 β 计数率,用净 β 计数率的对数对总吸收厚度绘图。总吸收厚度为铝吸收片厚度、计数器窗厚度和空气等效厚度[101 kPa (760 mmHg)、20 ℃条件下,样品与计数器之间的距离(cm)乘以 1.205 mg/cm^3]之和。吸收曲线近似为直线。

选择相差 20 mg/cm^2 以上两种不同的总吸收片厚度值,均应落在吸收曲线的直线部分。按照下列公式计算质量吸收系数:

$$\mu = \frac{1}{t_2 - t_1} \ln \frac{N_{t_1}}{N_{t_2}} \tag{10-1}$$

式中:t_1、t_2 分别为较薄和较厚总吸收厚度,mg/cm^2;N_{t_1}、N_{t_2} 分别为 t_1、t_2 吸收层相对应的净 β 计数率。

以上计算结果应与纯的同种核素在相同条件下测得的质量吸收系数比较,误差应不大于 ±10%。

2) pH 值

放射性产品溶液对其酸碱度(即 pH 值)均有一定要求,需将其控制在一定范围内。放射性产品溶液的 pH 值可采用经校正的精密 pH 试纸或酸度计进行测定。

3) 金属含量

放射性产品溶液对其金属含量均有一定要求,须控制在一定范围内。放射性产品溶液中的金属含量可采用分光光度法或能准确测量金属含量的电感耦合等离子体原子发射光谱仪（ICP－AES）、电感耦合等离子体质谱仪（ICP－MS）和原子吸收等方法。

4）放射性核纯度

放射性核纯度是指某一指定放射性核素的放射性活度占供试品放射性总活度的比例（％）。放射性核纯度与放射性杂质的量有关，而与非放射性杂质的量无关。应该注意的是，放射性核素是在不断变化的，在给出放射性核纯度测定结果时，必须注明测定的时间。一些放射性核素的衰变产物仍具有放射性，在计算放射性核纯度时，子体不作为杂质计算。

放射性核纯度选用高纯锗γ谱仪，在谱仪保持正常工作的环境条件下，对谱仪进行能量和探测效率刻度后，根据已知的核素参数及样品测算的结果，即可获得样品放射性核纯度。

5）放射化学纯度

放射化学纯度（简称放化纯度），是指在一种放射性样品中，以某种特定的化学形态存在的放射性核素占总放射性核素的比值。

测量放射化学纯度有纸色谱法、薄层色谱法、电泳法、高效液相色谱法、柱色谱法等，能有效分离各种放射化学杂质的分离分析方法，均可用于放射化学纯度测定。

6）放射性活度

放射性活度是指放射性核素在单位时间内的原子核衰变数。法定计量单位为贝可勒尔（Bq），1 Bq＝1 次衰变/秒，常用的活度单位还有千贝可（kBq）、兆贝可（MBq）和吉贝可（GBq）。1 kBq＝1000 Bq，1 MBq＝1 000 kBq＝1×10^6 Bq，1 GBq＝1 000 MBq＝1×10^6 kBq ＝1×10^9 Bq。一般采用活度计、高纯锗γ谱仪、液体闪烁仪等进行测量。

7）放射性浓度

放射性浓度是指溶液中某一放射性核素单位体积的放射性活度。可根据核素种类选择活度计、高纯锗γ谱仪或液体闪烁计数仪等进行测量。

10.2.2 各产品分析方法

由于核素本身特性及产品性质的不同，不同的放射性同位素产品的质量分析方法也存在差别，下面针对^{99}Mo、^{131}I 和^{89}Sr 这 3 种医用放射性同位素的产品质量分析方法分别做说明。

1) ^{99}Mo

（1）鉴别。^{99}Mo 的鉴别主要用 γ 谱仪法，使用高纯锗 γ 谱仪，经过已知能量的 γ 射线系列源进行能量刻度，即可测量放射性样品中核素的 γ 射线能谱。取适量样品，样品测量的 γ 射线能谱应与 ^{99}Mo 固有的 γ 射线谱一致，^{99}Mo 主要光子能量为 0.739 MeV。

（2）pH 值。^{99}Mo 产品溶液的 pH 值可采用经校正的精密 pH 试纸或酸度计进行测定。

选用 pH 试纸时，取适量样品，滴于精密 pH 试纸上，与标准比色卡相比较，即为该溶液的 pH 值。

当有足够的防护条件时，可选用酸度计法测定 pH 值。样品溶液的 pH 值通常以玻璃电极为指示电极、饱和甘汞电极或银-氯化银电极为参比电极进行测定。酸度计应定期进行计量检定，以符合国家有关规定。

（3）放射性核纯度。^{99}Mo 的放射性核纯度用高纯锗 γ 谱仪测量，在谱仪保持正常工作的环境条件下，对谱仪进行能量和探测效率刻度后，根据 ^{99}Mo 的核素参数及样品测算的结果，即可获得样品放射性核纯度。

（4）放射性浓度。^{99}Mo 的放射性浓度测定可采用井型电离室作为探测器的活度计或高纯锗 γ 谱仪。使用活度计测量时，应保证活度计的正常工作条件，测量前须充分预热，将活度计置于所测样品条件下，测定本底或进行零点调节。根据所使用的活度计使用要求精确取样，制备测量样品，将其放入井型电离室，并使其几何条件与标定时相同。连续重复测定 10 次，取其平均值减去本底，即得样品的放射性活度 A。样品的放射性浓度 C 按下式计算：

$$C = \frac{A}{V} \tag{10-2}$$

式中：V 为样品体积。

用高纯锗 γ 谱仪测量时，在谱仪保持正常工作的环境条件下，对谱仪进行能量和探测效率刻度后，根据 ^{99}Mo 的核素参数及样品测算的结果，即可获得样品的放射性活度 A，按式（10-2）处理即得 ^{99}Mo 的放射性浓度。

2) ^{131}I

（1）鉴别。^{131}I 的鉴别主要用 γ 谱仪法，使用高纯锗 γ 谱仪，经过已知能量的 γ 射线系列源进行能量刻度，即可测量放射性样品中核素的 γ 射线能谱。

取适量样品,样品测量的 γ 射线能谱应与 ^{131}I 固有的 γ 射线谱一致,^{131}I 的主要光子能量为 0.365 MeV。

(2) pH 值。^{131}I 的 pH 值可采用经校正的精密 pH 试纸或酸度计进行测定。

选用 pH 试纸时,取适量样品滴于精密 pH 试纸上,与标准比色卡相比较,即得该溶液的 pH 值。

当有足够的防护条件时,可选用酸度计法测定 pH 值。样品溶液的 pH 值通常以玻璃电极为指示电极、饱和甘汞电极或银-氯化银电极为参比电极进行测定。酸度计应定期进行计量检定,使之符合国家有关规定。

(3) 放射性核纯度。^{131}I 的放射性核纯度用高纯锗 γ 谱仪测量,在谱仪保持正常工作的环境条件下,对谱仪进行能量和探测效率刻度后,根据 ^{131}I 的核素参数及样品测算的结果,即可获得样品放射性核纯度。

(4) 放射化学纯度。^{131}I 放射化学纯度的测量:取 0.1 g 碘化钾、0.2 g 碘酸钾,1 g 碳酸氢钠,加 100 mL 水溶解制成载体溶液,在色谱纸基线上用微量注射器(平口)或定量毛细管(无毛刺)点样(一次点样量不超过 10 μL,样点直径为 2~4 mm、点样距离为 1.5~2.0 cm,样点为圆形),晾干,再取 ^{131}INa 样品适量,在载体溶液点样位置点样后晾干。以 75% 甲醇溶液作为展开剂,在展开缸内加入展开剂适量,放置待展开剂蒸汽饱和后,下降悬钩,使色谱纸浸入展开剂约 1 cm,展开剂即经毛细作用沿色谱纸上升,一般展开至约 15 cm 后取出晾干,展开后,用合适的仪器测量色谱纸上的放射性分布,作图,计算 R_f 值和放射化学纯度(R_f 值可与规定值相差 ±10% 的范围):

$$放射化学纯度(\%) = \frac{^{131}INa\ 的放射性净计数率}{放射性净计数率总和} \times 100\% \quad (10-3)$$

(5) 放射性浓度。^{131}I 的放射性浓度测定可采用井型电离室作为探测器的活度计或高纯锗 γ 谱仪。使用活度计测量时,保证活度计的正常工作条件,测量前充分预热,将活度计置于所测样品条件下,测定本底或进行零点调节。根据所使用的活度计使用要求精确取样,制备测量样品,将其放入井型电离室,并使其几何条件与标定时相同。连续重复测定 10 次,取其平均值减去本底,即得样品的放射性活度 A。样品的放射性浓度 C 按式(10-2)计算。

用高纯锗 γ 谱仪测量时,在谱仪保持正常工作的环境条件下,对谱仪进行能量和探测效率刻度后,根据^{131}I的核素参数及样品测算的结果,即可获得样品的放射性活度A,按式(10-2)计算即得^{131}I放射性浓度。

3) ^{89}Sr

(1)鉴别。^{89}Sr的鉴别主要用γ谱仪法,使用高纯锗γ谱仪,经过已知能量的γ射线系列源进行能量刻度,即可测量放射性样品中核素的γ射线能谱。取适量样品,样品测量的γ射线能谱应与^{89}Sr固有的γ射线谱一致,^{89}Sr在0.909 MeV处有其衰变产物^{89}Y的主要光子能量。

(2)pH检查。^{89}Sr的pH值可采用经校正的精密pH试纸或酸度计进行测定。

选用pH试纸时,取适量样品,滴于精密pH试纸上,与标准比色卡相比较,即得该溶液的pH值。

当有足够的防护条件时,可选用酸度计法测定pH值。样品溶液的pH值通常以玻璃电极为指示电极、饱和甘汞电极或银-氯化银电极为参比电极进行测定。酸度计应定期进行计量检定,使之符合国家有关规定。

(3)含铝量。^{89}SrCl$_2$溶液中铝含量测量可使用分光光度法或ICP-MS测量。当有足够的防护条件时,可选用分光光度法测量。

当使用电感耦合等离子体质谱仪测量时,应保证ICP-MS的正常工作条件,测量前须充分预热,使用国家或行业有证标准物质测绘标准曲线后,进行样品稀释测量。

(4)含锶量。^{89}SrCl$_2$溶液中含锶量测量可使用电感耦合等离子体原子发射光谱仪(ICP-AES)。测量时保证ICP-AES的正常工作条件,测量前应充分预热,使用国家或行业有证标准物质测绘标准曲线后,进行样品稀释测量。

(5)放射性核纯度。^{89}Sr的放射性核纯度测量可用高纯锗γ谱仪,在谱仪保持正常工作的环境条件下,对谱仪进行能量和探测效率刻度后,根据^{89}Sr的核素参数及样品测算的结果,即可获得样品放射性核纯度。

(6)放射性浓度。^{89}Sr的放射性浓度测定可采用井型电离室为探测器的活度计或高纯锗γ谱仪。使用活度计测量时,应保证活度计的正常工作条件,测量前须充分预热,将活度计置于所测样品条件下,测定本底或进行零点调节。根据所使用的活度计使用要求精确取样,制备测量样品,将其放入井型电离室,并使其几何条件与标定时相同。连续重复测定10次,取其平均值减去本底,即得样品的放射性活度A。样品的放射性浓度C按式（10－2）计算。

用高纯锗 γ 谱仪测量时，在谱仪保持正常工作的环境条件下，对谱仪进行能量和探测效率刻度后，根据[89]Sr 的核素参数及样品测算的结果，即可获得样品的放射性活度 A，按式（10－2）计算即得[89]Sr 放射性浓度。

参考文献

［1］ 国家药典委员会. 中华人民共和国药典[M]. 北京：中国医药科技出版社，2020.

［2］ 罗宁，曾俊杰，陈云明，等. 利用 HFETR 制备高比活度锶－89 溶液[J]. 同位素，2019,32(1)：7－12.

第 11 章

概率安全分析的应用

同位素生产试验堆具有传统固体燃料反应堆所不具备的新的技术特点，如采用液体燃料；采用紧急排料系统进行紧急停堆；因功率运行时辐解产氢，需设置气体复合系统及氮气吹扫系统消除氢气燃爆风险等。针对固体燃料反应堆适用的始发事件清单及安全系统设计不可能完全适用于溶液堆。因此，需要采用概率安全分析（PSA）的方法对事件频率及后果进行分析，以支持工况划分、事故序列选取、与安全有关的系统和设备选取及与安全有关的设计调整等工作。目前，针对溶液堆已开展的概率安全分析工作较好地支持了上述工作，并初步确认了溶液堆能够满足定量安全目标的要求。

11.1　概率安全分析概述

概率安全分析（PSA）方法是从统计学出发研究事件，以事件树和故障树方法进行定量化分析，确定始发事件发生后可能导致的后果。在核电厂中PSA 方法已得到广泛应用，也是核领域最成熟的应用；除此之外，PSA 也用于核燃料循环设施（含后处理厂）及乏燃料水池放射性释放风险分析。由于新质堆与传统反应堆在安全设计和运行特性等方面存在重大差异，无法仅按照现有以确定论为核心的设计方法进行安全设计，必须在设计之初引入概率安全分析开展确定论和概率论相结合的安全设计。

针对研究堆，我国现有法规[1]仅将 PSA 作为确定论分析的补充，因此大多研究堆，尤其是低功率研究堆，基本未开展 PSA；近年来，针对固体燃料研究堆，借鉴核电厂 PSA 方法开展了研究探索。

溶液堆作为液体燃料反应堆，其设计和运行特征与固定燃料反应堆存在重大差异，除此之外，其作为Ⅲ类研究堆[2]，暂无成熟的 PSA 方法，需要先进行 PSA 技术路线分析,在此基础上再开展 PSA 工作。

11.1.1　反应堆概率安全分析新方法

　　针对先进非轻水堆,如模块式高温气冷堆、液体金属冷却快堆等堆型,由于其设计及运行特征差异,PSA 技术与传统轻水堆也存在差异,对此,美国研究制定了相关标准[3],在该标准中,针对传统水堆和先进非轻水堆 PSA 的关键要素进行了对比(见表 11-1)。针对非轻水堆,PSA 的范围由堆芯向其他放射源拓展;由于堆芯可能存在无传统水堆堆芯损坏的概念,因此新质堆(或非轻水堆)PSA 的成功准则、风险度量都有所差异,上述差异导致传统分为 3 级的 PSA 技术路线不一定适用于先进非轻水堆。

表 11-1　传统水堆与先进非轻水堆 PSA 关键要素差异

要　　素	传统水堆 PSA	先进非轻水堆 PSA
放射源的考虑	反应堆(新堆)	堆芯及其他导致风险重要事件序列的源
成功准则	预防堆芯损坏和大量放射性早期释放	预防放射性材料从分析的放射源中释放
终态	成功、堆芯损坏(CD)、大量放射性早期释放(LEFR)	成功、事件序列、反应堆响应、损坏状态、释放特性
后果分析	定性	机理源项、厂外放射性后果
风险度量	堆芯损坏频率和大量放射性早期释放频率	模拟事件序列频率和后果相关的度量,例如超出特定剂量水平的频率、早期和晚期死亡个人风险等
事件序列分析范围	导致堆芯损坏的超设计基准事故	多堆或多个源中发生的中等频率、稀有和极低频率事件及超设计基准

　　我国新型反应堆或小型研究堆参考了 ASME/ANS RA-S-1.4 中的要求,开展了 PSA 研究,具体包括高温气冷堆(HTR-PM)和西安脉冲堆(XAPR)。

　　高温气冷堆一般采用耐高温的多层包覆颗粒(TRSIO)燃料,不存在棒形燃料堆燃料大规模损坏的现象,因此传统 1 级和 2 级 PSA 独立开展的方式不适用于高温气冷堆,清华大学[4]通过研究国际上相似堆型 PSA 框架的调研,结合球床模块式高温气冷堆(HTR-PM)自身设计特点,并与传统压水堆进行对比,提出以始发事件为起点,以事件序列为主干,以释放类为终点的 PSA 一体化事件树框架,如图 11 - 1 所示。

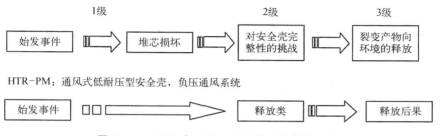

图 11 - 1 PWR 与 HTR - PM 的 PSA 框架对比

西北核技术研究所针对西安脉冲堆(XAPR)开展了 PSA 技术探索[5]。由于脉冲堆缓解系统相对简单,没有大型核电厂的安全壳设施,采用非承压式的反应堆厂房作为放射性释放的最终屏障,在 XAPR 的 PSA 中许多与安全壳相关的失效模式是不存在的,相应的安全壳行为也不存在,以堆芯损坏作为 1 级和 2 级 PSA 分界并不需要。对此西北核技术研究所建立了 1 级和 2 级集成的 PSA 分析框架,在 1 棵事件树中体现传统 1 级 PSA 和 2 级 PSA 的特性,上述方法与 HTR - PM 方法类似。

11.1.2 核燃料循环设施概率安全分析方法

核燃料循环设施是核能开发的重要组成部分,包括核燃料生产、加工、乏燃料储存和后处理设施。核燃料循环设施的主要特点为工艺过程复杂、物流具有放射性和化学毒性、核临界安全突出等。我国在核安全导则 HAD 301/05—2021[6] 中明确要求,"实施纵深防御所需的设计特征、措施和装置应主要通过设计和运行时的确定论分析(可由概率研究补充)确定。"

IAEA 针对非反应堆核设施的 PSA 发布了技术文件(IAEA - TECDOC - 1267[7]),对比了核电厂与非反应堆核设施在安全设计方面的差异(见表 11 - 2)。

表 11 - 2 核电厂与非反应堆核设施的主要差异

项　目	核 电 厂	非反应堆核设施
危险源分布	集中在堆芯和乏燃料水池	分散于危险物质的存储设施和流程设备
危险源种类	放射性物质	除放射性物质外,还包括易裂变物质和易燃、易爆、有毒的化学物质

（续表）

项　　目	核　电　厂	非反应堆核设施
放射性物质状态	主要为固态和液态	包括气态、液态和固态多种形式，且状态多变
事故的潜在原因	由内部和外部事件导致的堆芯和安全系统相关事件	安全功能和屏障、火灾、爆炸、通风丧失、屏障丧失或运输故障相关事件
事故后果	堆芯损坏、安全壳故障、放射性释放和放射性照射	可能的放射性释放和对个人、公众和环境的照射
推荐的 PSA 方法	详细定量风险评价	危害识别和筛选，事故序列和屏障故障评价，结合定量和定性方法

针对非反应堆核设施，IAEA 归纳认为其 PSA 和核电 PSA 的主要差异包括以下方面：

（1）对大多数非反应堆核设施，无须按 1 级、2 级及 3 级分别分析；

（2）始发事件相对简单；

（3）非反应堆核设施危险源较为分散，需要评价同类的始发事件在不同位置发生后的差异；

（4）事件序列和后果多样；

（5）对操纵员的依赖大，需要模拟大量的操纵员动作，包括始发事件和故障响应。

IAEA 将非反应堆核设施的 PSA 分为 6 个主要步骤，如图 11-2 所示。

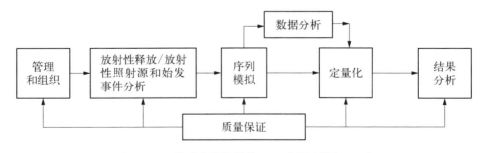

图 11-2　非反应堆核设施 PSA 主要步骤(IAEA)

国内学者也对相关方法进行了归纳总结[8]，对比发现，绝大多数国家采用确定论分析方法，美国要求采用综合安全分析方法（ISA），既参照确定论方法进行单个（类）事件序列的情景假设和后果分析，又参照概率论方法进行事件序列的概率估算,上述做法与 IAEA 的推荐是一致的。

针对核燃料后处理环节[9],英国、法国和日本等发达国家开展了乏燃料后处理设施的 PSA 工作,并取得了长足进展。以 PSA 中的关键环节始发事件分析[9]为例,对比了与核电厂的危险源差异,而始发事件筛选的方法仍主要采用故障模式与影响分析(FMEA)、主逻辑图(MLD)等方法;所不同的是,以 MLD 为例,核电目标事件是"明显的放射性物质释放",或者是"堆芯熔化",但对于乏燃料后处理设施,MLD 目标事件是"危险物质释放",主要为"放射性超标"排放。

清华大学对后处理厂 PSA 方法进行了研究[10],分析认为,后处理厂设施相对核电厂较为简单,同时不存在大量的缓解系统,其 PSA 方法可采用独立的故障树演绎技术;同时后处理厂 PSA 目标限值较核电厂低 1~2 个数量级,国外机构针对两者 PSA 结果表明,相对于核电厂,后处理厂的辐射风险远低于核电厂(见表 11-3)。

表 11-3　乏燃料后处理厂和核电厂的主要风险差异

核　设　施	按剂量计算的辐射风险值/[希/(人·年)]			
	中　值	置信度 90%	置信度 95%	置信度 99.5%
Zion-1 核电厂	0.2	1.5	—	—
Indian Point-2 核电厂	6.0	300	—	—
Indian Point-3 核电厂	8.0	70	—	—
Seabrook 核电厂	1.5	5.0	10	—
F-Canyon 后处理厂	—	—	—	0.017

11.1.3　乏燃料水池 PSA 方法

乏燃料水池作为简单系统,其 PSA 方法对溶液堆也具有一定的参考价值。

针对能动核电厂,以福建福清核电厂一期工程乏燃料水池为研究对象,李琳[11]对可能威胁乏燃料水池安全的内部始发事件进行了概率安全分析,评价了乏燃料水池中燃料元件损坏的风险。

乏燃料水池分为正常运行和换料两种状态,筛选得到乏燃料水池潜在主要风险：①丧失冷却能力，乏燃料水池水温持续升高，水池发生沸腾，水池水位由于蒸发而下降，导致乏燃料元件裸露；②乏燃料水池泄漏，水池水位持续下降，没有补水或补水能力不够导致乏燃料元件裸露。事故后的缓解措施主要是恢复冷却或进行补水。分析定义燃料损坏状态为乏燃料水池的水位持续下降，最终乏燃料元件裸露而导致放射性释放。

根据一级内部事件概率安全评价的技术要素及分析方法，选取 8 组始发事件，建立 17 棵事件树，其中有 99 个导致燃料元件损坏的事件序列，177 个导致乏燃料水池发生沸腾的事件序列。定量计算得到乏燃料水池总的燃料元件损坏频率（FDF）为 2.24×10^{-7}/（堆·年）（约为堆芯损坏频率的 2%），乏燃料水池发生沸腾的频率为 7.95×10^{-4}/（堆·年）。

针对非能动核电厂，许以全等[12]进行了乏燃料水池内部事件乏燃料损伤频率分析。非能动压水堆核电厂的乏燃料水池位于辅助厂房，其设计能防止池水意外排放，确保足够的屏蔽水层和冷却水量，以淹没乏燃料组件。乏燃料水池和燃料运输通道由常开的水闸门连通，燃料运输通道通过燃料运输管道与安全壳内的换料水池相连。

乏燃料水池设计可消除乏燃料临界问题，冷却水淹没乏燃料即可移出其衰变热，从而确保乏燃料的完整性。乏燃料水池的风险主要来自事故工况下由于冷却水丧失引起的衰变热无法正常移出导致的乏燃料损伤，可采用乏燃料损伤频率表征，其验收准则可定义为乏池水位是否维持在燃料组件格架顶部以上。水位维持在燃料组件格架顶部以上，认为乏燃料无损伤；水位在燃料组件顶部以下，则认为乏燃料损伤。

初步分析表明，在所有运行工况下，总的乏燃料损伤频率（FDF）为 2.05×10^{-9}/（堆·年），相比于堆芯损伤频率[约为 2.41×10^{-7}/（堆·年）]低 2 个数量级。丧失厂外电源对 FDF 的贡献最大。

由于乏燃料水池位于核辅助厂房，不能有效防止放射性物质向环境释放，故假定乏燃料损伤的同时将直接导致大量放射性释放。堆芯引起的大量放射性释放频率约为 2.38×10^{-8}/（堆·年），因此乏燃料水池引起的大量放射性释放频率相比于堆芯的低 1 个数量级。

11.2 试验堆概率安全分析概述

针对液体燃料堆，基于上述新质堆、乏燃料水池及相近对象的 PSA 技术，研究建立适用于该对象的 PSA 技术路线,在此基础上开展 PSA,为设计和运行提出风险见解。

11.2.1 概率安全分析的目的及范围

根据国家核安全局编制的安审原则[13],对概率安全分析的应用,有如下要求:

(1) 确认溶液堆满足安全目标和概率安全目标;

(2) 溶液堆工况划分和事故序列选取;

(3) 事故源项的选取和确定;

(4) 事故规程的制订;

(5) 安全有关的系统、构筑物和设备的选取;

(6) 某些设计与安全要求的调整;

(7) 系统配置的合理性评价;

(8) 溶液堆纵深防御层次的设置。

因此,溶液堆 PSA 的目的和范围需要涵盖上述要求。

11.2.2 概率安全分析目标

我国针对新型反应堆,认为应在设计上简化场外应急要求,如 HAF 102—2016[14]中要求"必须实际消除可能导致高辐射剂量或大量放射性释放的核动力厂事故序列",以及"安全目标是,在严重事故下仅需要在区域和时间上采取有限的防护行动,且避免场外放射性污染或将其减至最小。这要求可能导致早期放射性释放或者大量放射性释放的事件序列被实际消除。"HAF 102—2016 对"实际消除"的解释是:"如果该工况实质上不可能发生或高置信度极不可能发生,则认为该工况被实际消除。"针对模块式小堆,审评原则[15]明确提出"技术上对外部干预措施的需求可以是有限的,甚至是可免除的"。溶液堆作为先进小型研究堆,虽然暂无相关的法规要求,设计应做到消除场外应急要求,对此必须合理设置设计上考虑各种事故的剂量准则和相关的发生频率。

根据 GB 18871—2002[16]附录 E 中 E2.1"紧急防护行动:隐蔽、撤离、碘防护的通用优化干预水平"要求,"隐蔽的通用优化干预水平时:在 2 天内可防止的剂量为 10 mSv""临时撤离的通用优化干预水平是,在不长于一周的期间可防止的剂量为 50 mSv""开始和终止临时避迁的通用优化干预水平分别是,一个月内可防止的剂量为 30 mSv 和 10 mSv"。模块化小堆审评原则中[15],剂量要求为,"对小型模块化核动力厂,在发生一次稀有事故时,非居住区边界外任意个人在整个事故持续时间内可能受到的有效剂量应小于 5 mSv。在发生一次极限事故时,非居住区边界外任意个人在整个事故持续时间内可能受到的有效剂量应小于 10 mSv。"根据上述标准要求,溶液堆针对设计基准事故和超设计基准事故整个事故持续时间内场址边界上公众中任何个人可能受到的有效剂量限值分别为 5 mSv 和 10 mSv,上述要求比模块化小堆审评原则要求更加严苛,同时各种事故限值均低于 GB 18871—2022 中提出的"2 天内可防止的剂量为 10 mSv"的隐蔽防护要求,从确定论角度实现了消除场外应急需求。

从概率论角度,我国三代核电设计中,将可能导致早期放射性释放或者大量放射性释放的事件序列发生频率小于 $10^{-7}/($堆·年$)$ 作为一种"实际消除"的辅助概率判断值。

基于上述确定论角度的剂量准则和概率论角度的事件序列频率,参照 ASME/ANS RA-S-1.4 中给出的先进非轻水堆以"模拟事件序列频率和后果相关的度量"作为风险度量的建议及高温堆工程实践,审评原则提出的同位素生产试验堆 PSA 的安全目标如下。

所有导致非居住区边界外个人有效剂量超过 10 mSv 的事故序列累计频率应小于 $10^{-6}/($堆·年$)$;应对更低频率的特定事故序列进行评价以保证不存在陡边效应。

根据工程实践,10 mSv 不属于大量放射性释放的范围,对此在本次分析中引入过量放射性释放的概念,过量放射性物质释放的定义为,厂址边界公众个人有效剂量超出 10 mSv。

11.2.3 试验堆基本安全特性

试验堆的基本安全特性如下。

(1)燃料呈液体状态,无固体燃料堆芯损坏(一般为燃料结构损坏)概念。

(2)燃料溶液处于常压低温状态,具有良好的空泡负反馈和温度负反馈,固有安全性高。

(3)燃料溶液处于高过冷状态,且反应堆容器浸入堆池水中,无须专设余热排出系统,超压导致的边界损坏风险极低。

(4)设置有两层包容屏障,即使一道包容屏障存在边界泄漏,也可实现放射性的场内包容及处置。

(5)存在辐射产氢问题,对反应性运行具有影响,同时存在氢气燃烧或燃爆风险,需要进行专门的气体处理。

（6）放射源不仅局限于反应堆,液体燃料流经的所有部位均含放射源,包括了同位素生产线;除此之外,由于该堆源项小,相对而言放射性废物的源项比例增加,需要考虑放射性废物处理系统导致的放射性释放风险。

上述基本特性中:(1)决定了溶液堆无法按照核电厂以堆芯损坏频率为安全指标开展 PSA;(2)~(4)决定了溶液堆 PSA 始发事件和缓解系统相较于动力堆有所简化;(5)属于溶液堆特殊问题,PSA 中需要考虑氢气风险;(6)决定了溶液堆 PSA 分析的范围,需要涵盖场内所有放射源。

溶液堆作为生产堆和试验堆,反应堆年工作时间约为 300 d,反应堆每次运行约为 48 h,年运行时间约为 200 d。以 72 h 为一个完整任务剖面,相关的运行状态及任务阶段如图 11 - 3 所示。

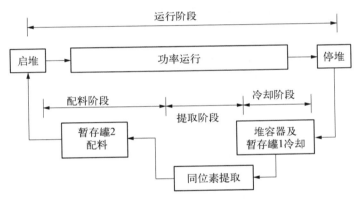

图 11 - 3 医用同位素研究堆运行剖面

溶液堆在不同的运行阶段放射源所在的场所不同,并且在不同场所内滞留时间也不同:① 在反应堆内时间占比为 67%;② 在燃料溶液转移和暂存系统(2 个暂存罐及相关管道)时间占比为 25%;③ 在同位素提取生产工艺系统时间占比为 8%。其中:①对应功率运行状态(含低功率状态);②与③对应停堆状态。

根据运行剖面结合该堆特性,该堆的放射源主要为放射性气体及气溶胶,主要来源为 3 个:① 反应堆本体及与反应堆直接连接的管道(含气回路、燃料溶液转移和暂存系统等);② 同位素提取系统;③ 放射性废物处理系统。分析需全面考虑上述放射性源,同时在始发事件分析中需要考虑上述时间占比。

11.2.4 放射源

进行 PSA 评价的目的是要评价反应堆放射性核素过量释放的风险,分析需要考虑所有的可能导致放射性超出剂量准则的放射源。溶液堆的放射性释放源主要包括反应堆容器及燃料输送管、暂存罐及同位素提取回路中的燃料溶液,此外还包括气回路,以及废气处理回路中的以放射性气体和气溶胶形式存在的放射性物质。在正常情况下,这些释放源中的放射性都被控制在安全状态,其放射性向外的释放被控制在国家法规允许的范围之内,不会对试验堆的工作人员及周围的公众与环境产生不可接受的影响。一旦反应堆在运行与生产活动中出现扰动,则可能导致这些放射源中的放射性核素过量释放。从发生扰动的频率及可能导致的放射性后果角度看,以燃料溶液形式存在的放射性物质由于始终包容在堆水池及气回路间、堆顶小室等二次边界内,其扩散或泄漏至环境的风险极低。但以气体形式存在的放射性物质包括正常运行中从反应堆堆芯溶液释放到气回路、废气处理系统的放射性气体和气溶胶,当相关系统管道泄漏或破裂后将释放到二次边界内,并经通风系统释放到环境,是最主要的放射性扩散或泄漏来源(见图 11 - 4)。因此,溶液堆反应堆的 PSA 考虑的放射性释放源主要包括反应堆及气回路、同位素提取回路及废气处理系统。

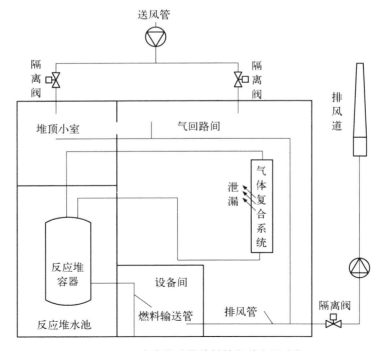

图 11 - 4　溶液堆过量放射性释放主要途径

11.2.5　分析技术框架

传统固定燃料核电厂 PSA 工作按照 1 级、2 级和 3 级开展工作,主要是因为压水堆采用固体燃料,燃料具有比较清晰的物理边界即燃料元件包壳。如果燃料元件包壳这一物理边界损坏,则大量放射性物质会从堆芯释放,1 级、2 级 PSA 分析可分析出放射性物质从安全壳释放的频率及后果。针对新型燃料反应堆或小型研究堆,由于其燃料包容性能或其他设计特征,采用了 1 级与 2 级融合的 PSA 技术。针对溶液堆,由于溶液堆在燃料形态、安全屏障及缓解系统等方面与传统固态堆芯反应堆的差异,传统以堆芯损坏为核心的反应堆 PSA 技术无法直接适用于液体燃料反应。溶液堆的设计特点与传统压水堆不同,其燃料为液体燃料,不存在燃料包壳边界,因此,其 PSA 过程会自然突破 1 级、2 级的分析界限。针对内部事件,溶液堆 PSA 的框架如图 11 - 5 所示[17],基本要素与传统压水堆 1 级 PSA 类似,所不同的是,序列最终状态关注点为放射性释放,需要进行放射性释放场景分析和源项后果分析,从而获得放射性释放的频率和后果。

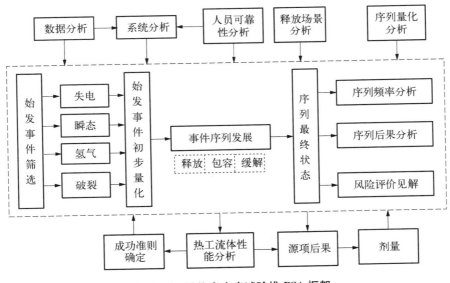

图 11 - 5　同位素生产试验堆 PSA 框架

11.2.6　始发事件

1) 清单筛选

确定始发事件的方法一般有参考现有始发事件清单、演绎分析、工程评价及运行经验反馈等。由于溶液堆还未有相关的运行经验,现阶段主要采用前 3 种方法进行始发事件的筛选。

根据溶液堆的系统设计,溶液堆的主参数与核电厂差异很大,核电厂 PSA 中使用的始发事件清单对该堆已不再适用。

本节的始发事件筛选与安全分析中始发事件[18]的筛选同步进行,始发事件清单通过反应堆相关主要系统的故障模式和影响分析 FMEA、参考 HAF201/IAEA 相关法规导则要求、参考国外溶液堆设计审评文件要求和 SHINE[19]研究堆始发事件清单、考虑同厂址其他研究堆特殊内部事件及外部事件,采用主逻辑图法推导的方法等,共获得 11 类始发事件(见表 11 - 4)。

表 11 - 4 始发事件清单

序号	始发事件类	具 体 事 件
1	过量反应性引入	(1) 零功率控制棒失控提升; (2) 中间功率控制棒失控提升; (3) 满功率控制棒失控提升; (4) 功率运行过程中燃料溶液过冷; (5) 装料或启动过程燃料溶液过冷; (6) 反应堆溶液流体误加压; (7) 落棒事故; (8) 燃料溶液误装载; (9) 反应堆溶液形状改变; (10) 冷却盘管破裂; (11) 冷却盘管集流管破裂
2	冷却减少	(1) 一次冷却水流量全部丧失; (2) 二次冷却水流量全部丧失; (3) 一次冷却水泵卡转轴; (4) 一次冷却水边界破裂(堆池外)
3	燃料溶液处理不当	(1) 反应堆燃料溶液浓度异常升高; (2) 反应堆燃料溶液浓度异常降低
4	一次边界破裂	(1) 燃料溶液输送管破裂; (2) 紧急排料管线破裂; (3) 气体复合系统边界破裂
5	电源丧失	正常电源丧失

（续表）

序号	始发事件类	具 体 事 件
6	设备操作不当或发生故障	（1）气体复合系统冷却功能丧失； （2）气体复合系统排气阀故障； （3）废气处理系统边界破裂； （4）控制棒调节功能丧失
7	大且无阻尼功率振荡	（1）气体复合系统故障导致的燃料溶液压力波动； （2）冷却水温度控制故障导致的燃料溶液温度波动
8	爆炸以外的意外放热化学反应	NO_x 的意外放热
9	设施系统相互影响事件（包括内部事件和人为差错）	支持系统功能丧失
10	气体复合系统故障	气体复合系统故障
11	设施特定事件	同位素提取生产系统边界破裂

2）安全功能与缓解系统

相对于传统反应堆的三道实体屏障，溶液堆主要有两道实体屏障，如表 11-5 所示。

表 11-5　溶液堆安全屏障与固体反应堆的差异

项　目	固体燃料堆	液体燃料堆
燃料屏障	包壳	堆容器（含驱动机构贯穿件）、主冷却系统（冷却盘管）、气体系统（包括废气收集）、燃料暂存与转移系统等，以及相关设备
冷却剂屏障	冷却剂边界	
安全壳	安全壳/包容体	二次边界厂房

为保障反应堆的安全，防止放射性物质释放，溶液堆设置了若干安全功能，并设计了相应的安全系统完成这些安全功能。

PSA 中主要关注放射性气体及气溶胶的扩散及释放，对于设计基准事故中考虑的反应堆余热排出问题，溶液堆堆内衰变热在反应堆停堆后依靠反应堆水池自然带热,不是放射性物质释放的主要影响因素,在 PSA 中可不考虑。

溶液堆为防止放射性物质的释放所需要保障的安全功能有反应性控制、气回路完整性(一次边界完整性)和阻止放射性物质释放(二次边界包容)。

上述安全功能与缓解系统的对应关系如表 11 - 6 所示。

表 11 - 6　溶液堆安全功能与缓解系统

安 全 功 能	缓 解 措 施	主要系统或设备
反应性控制,执行紧急停堆功能	自动停堆(紧急排料) 自动停堆(多样化停堆)	反应堆保护系统 多样化停堆系统 紧急排料系统
事故工况下,执行反应堆余热排出功能	自然对流散热	反应堆水池
事故工况下,降低反应堆及气回路内的氢氧浓度,防止发生氢气燃爆,消除氢风险对反应堆及气回路完整性的威胁	对反应堆容器及气回路进行氮气吹扫	气体复合系统 氮气吹扫系统
隔离二次包容厂房,阻止放射性物质的释放	关闭通风系统送风/排风隔离阀	通风系统

3) 事件分组

确定了始发事件清单以后,还要对已确定的始发事件进行适当的归并分组,其目的是在确保风险分析的完备性的前提下,减少事件树分析与故障树分析的工作量,以便高效且现实地评价安全性。为达到以上目的,一般可以将具有相似的缓解要求(具有相似的反应堆响应、相似的前沿系统成功准则等)的始发事件归并成一个始发事件组。

本项目始发事件分组参考了 NB/T 20037.1—2011[20]等标准进行分组,主要原则如下:

(1) 根据反应堆运行状态、事故响应、成功准则、事件进程和相关缓解系统的可运行性及性能的影响等方面相似的事件;

(2) 事件归并为一组,以该事件组内对反应堆最不利的事件来做包络处理;

(3) 对于可能直接导致放射性释放的始发事件,如气回路破裂等始发事件,单独考虑为一组始发事件。

最终得到的分组如表 11 - 7 所示。

表 11 - 7　始发事件组

序号	始发事件组	编　码	运行阶段
1	正常电源丧失	P1 - IE - LOOP	P1
2	瞬态类事故	P1 - IE - TRAN	P1
3	气体复合系统故障	P1 - IE - HRF	P1
4	废气处理系统容器罐破裂	P1 - IE - WTR	P1
5	废气处理系统管道破裂	P1 - IE - WLR	P1
6	控制棒卡滞	P1 - IE - CRF	P1
7	气回路边界发生破裂(氢气复合器上游)	P1 - IE - UGLR	P1
8	气回路边界发生破裂(氢气复合器下游)	P1 - IE - DGLR	P1
9	功率运行工况燃料溶液管线破裂(水池外)	P1 - IE - FLR	P1
10	燃料暂存罐 1 连接的溶液输送管破裂	P2 - IE - FLR	P2、P3
11	同位素提取生产系统边界破裂	P3 - IE - FLR	P3
12	燃料暂存罐 2 连接的输送管破裂	P4 - IE - FLR	P4

11.2.7　典型事件序列分析

以气回路边界发生破裂(氢气复合器上游)为例来说明典型事件序列的分析过程。该事件是指氢气复合器上游的气回路边界发生破裂导致放射性混合气体释放的事故。

1) 事件进程

事故发生后,气回路中的放射性气体释放至堆顶小室或气回路间,由氢氧复合器进出口温差低信号或 γ 剂量率高信号触发停堆信号。此时,紧急排料系统排出燃料溶液实现反应堆停堆。

如果反应堆停堆成功,氢气产量迅速降低,释放到堆顶小室或气回路间的放射性气体和氢气,通过关闭气回路间通风系统隔离阀,阻止放射性气体释放到环境。

如果反应堆停堆失败,氢气持续产生,最终导致堆顶小室或气回路间积聚大量氢气,进而有可能发生燃爆,导致堆顶小室或气回路间失效,造成放射性物质失控释放至环境。因此,保守假设反应堆停堆失败,则直接导致放射性物质释放至环境(ER)。

2) 系统响应

事故发生后,气回路中的放射性气体释放至堆顶小室或气回路间,由氢氧复合器进出口温差低信号或 γ 剂量率高信号触发停堆信号。此时,紧急排料系统排出燃料溶液实现反应堆停堆。

如果反应堆停堆成功,氢气产量迅速降低,释放到堆顶小室或气回路间的放射性气体和氢气,通过关闭气回路间通风系统隔离阀,阻止放射性气体释放到环境。

如果反应堆停堆失败,氢气持续产生,最终导致堆顶小室或气回路间积聚大量氢气,进而有可能发生燃爆,导致堆顶小室或气回路间失效,造成放射性物质失控释放至环境。因此,保守假设反应堆停堆失败,则直接导致放射性物质释放至环境。

3) 事件树建立

事件树建立时的假设如下:当通风系统隔离失效时,认为发生过量放射性物质释放至环境;当反应堆停堆失败时,认为发生过量放射性物质释放至环境。

4) 事件树题头及成功准则

气回路边界发生破裂(氢气复合器上游)的事件树模型如图 11-6 所示。事件树题头成功准则描述如下。

(1) 反应堆保护系统(RPS)。事故发生后,如果氢氧复合器进出口温差低信号或 γ 剂量率高信号触发停堆信号,则此时紧急排料排出燃料溶液,实现反应堆停堆。该题头事件成功要求紧急排料系统自动投入成功。

(2) 通风系统隔离(PVS)。事故发生后,如果气回路放射性气体释放至堆顶小室或气回路间,则此时可关闭通风系统隔离阀,将放射性物质滞留在堆顶小室或气回路间。该题头事件成功准则为通风系统自动隔离成功。

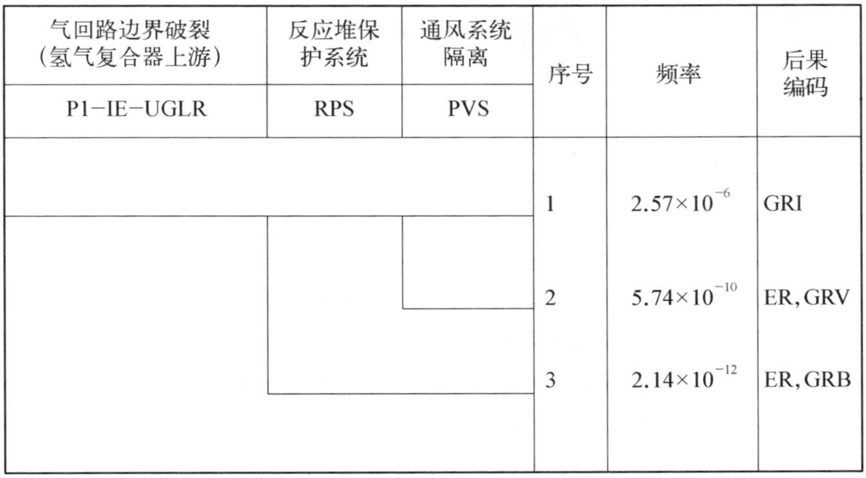

气回路边界破裂 (氢气复合器上游)	反应堆保 护系统	通风系统 隔离	序号	频率	后果 编码
P1-IE-UGLR	RPS	PVS			
			1	2.57×10^{-6}	GRI
			2	5.74×10^{-10}	ER, GRV
			3	2.14×10^{-12}	ER, GRB

图 11-6　气回路边界发生破裂(氢气复合器上游)事件树

11.2.8　初步结果

针对溶液堆过量放射性物质释放风险,定量化分析共得到 20 370 个最小割集,总的过量放射性释放频率(excessive release frequency,ERF)估计值为 8.09×10^{-8}/(堆·年),其中前 10 个割集占总 ERF 的 35.28%,前 20 个割集占总 ERF 的 54.92%,前 100 个割集占总 ERF 的 93.49%。

定量化分析共得到 47 个事件序列,其中导致过量放射性释放的事件序列有 18 个,其中前 10 个序列占总 ERF 的 97.78%。根据定量化分析结果,气体复合系统故障、正常电源丧失及废气处理系统管道破裂三类始发事件对堆芯总 ERF 贡献较大,贡献占比约为 87.28%。

从支配性事故序列角度分析,气体复合系统故障叠加反应堆保护系统和多样化保护系统失效、正常电源丧失叠加反应堆保护系统和多样化保护系统失效、气体复合系统故障叠加反应堆保护系统、多样化保护系统和通风系统隔离失效等序列对 ERF 贡献较大。

从支配性最小割集角度分析,气体复合系统故障叠加配电柜共因运行失效、废气处理系统管道破裂叠加 γ 剂量率高监测信号失效、气体复合系统故障叠加紧急排料系统电磁阀 SV05-SV08 共因拒开、载气回路流量低多样化停堆信号失效等对 ERF 的贡献较大。此外,前 10 个支配性割集中多数割集为二阶割集,气体复合系统故障、废气处理系统管道破裂存在一阶割集,可见电力系统配电柜和用于通风系统隔离的 γ 剂量率高信号的可靠性对溶液堆事故的缓解比较重要。

11.3 概率安全分析在设计阶段的应用

1) 安全目标论证

鉴于溶液堆的安全特点,传统的堆芯损伤概念对它不适用,因此,安全审评原则为其推荐的定量概率安全目标是所有导致非居住区边界外个人有效剂量超过 10 mSv 的事故序列累计频率应小于 10^{-6}/(堆·年)。

针对这一风险指标的论证,并结合溶液堆的安全特点,溶液堆 PSA 改变了传统按照 1 级(以堆芯损伤为分析目标)、2 级(分析安全壳行为,得到释放出的源项强度和分布)及 3 级(放射性释放对厂址周边产生的影响)开展 PSA 的架构,而采用了集成式的分析架构,即在分析事故序列的结束状态时考虑可能的放射性释放类。

根据已经完成的 PSA 工作,除 ER 类序列外,其他序列的个人有效剂量后果都小于 10 mSv,即均不会造成"过量释放"后果。保守假设导致释放后果 ER 的所有事故序列都将造成剂量超过 10 mSv 的过量释放后果,则造成"过量释放"后果的事故序列累计频率为 8.09×10^{-8}/(堆·年)。因此,溶液堆的设计满足溶液堆安全审评原则推荐的概率安全目标。

2) 工况分类和超设计基准事故序列选取

溶液堆的工况分类为 4 类,除正常运行工况外,还包括预计运行事件、设计基准事故和超设计基准事故。这些状态的划分主要依据各类事件发生的频率范围,并参考已有的和其他堆型的经验来确定。虽然其他堆型也有类似的划分,但溶液堆反应堆有更加明确的定义:预计运行事件、设计基准事故频率范围划分以假设始发事件的发生频率为参考依据之一。同位素生产试验堆始发事件频率主要通过以下方式获得:非破裂类事故包括正常电源丧失和瞬态类事故参考采用通用数据 NUREG/CR - 5750[21] 报告中的数据,并通过同位素生产试验堆年运行时间折算得到,气回路边界破裂等破裂类事故采用核电厂通常采用的节管法进行计算,部分事件如气体复合系统故障通过系统故障树分析得到。

超设计基准事故包括预计运行事件、设计基准事故之外的设计上考虑的所有事故序列,划分以事故序列的频率为参考,并结合确定论和工程判断。

针对超设计基准事故工况,按照以下原则进行筛选:

(1) 序列发生频率大于 $10^{-7}/(\text{堆·年})$;

(2) 工程判断及其他方法认为风险重要的事故序列。

经论证分析,并考虑一次边界抗氢气燃爆设计,筛选得到满足上述原则的序列为瞬态类叠加反应堆保护系统失效与正常电源丧失事故叠加反应堆保护系统失效;针对瞬态类叠加反应堆保护系统失效,考虑该堆传热风险低,主要为反应性过量引入导致的风险,因此考虑提棒 ATWS。

在上述工况的划分及超设计基准事故序列的选取的过程中,PSA 的观点和信息在其中承担了重要的作用。

3) 事故源项的选取和确定

根据审评原则要求,溶液堆的事故源项可采用由特定事故序列分析而得出的放射性物质的释放来确定,同时结合确定论和概率论分析方法,确保溶液堆源项的合理性和保守性。针对最大假想源项和其他事故源项,参照 GB 6249 - 2011,以包络设计基准事故及预计发生频率大于 $10^{-7}/(\text{堆·年})$ 的事故序列来确定。

根据事故的特点对释放类进行了整理,其频率及后果如表 11 - 8 所示。基于上述归类,溶液堆实现了后果严重的序列频率低、后果轻的序列频率高的安全要求。

表 11 - 8　频率及后果对应表

剂量后果 /mSv	累计频率/ (堆·年)$^{-1}$	释放类 编码	释放类描述	频率/ (堆·年)$^{-1}$	剂量 /mSv
<1	2.83	LLV	气体边界低压泄漏,通风正常	2.83	4.29×10^{-3}
		ILV	同位素边界泄漏,通风正常	1.31×10^{-6}	0.29
		HLI	气体边界高压泄漏,通风隔离	4.06×10^{-6}	0.89
		HLVS	气体边界高压泄漏,通风停运	4.90×10^{-10}	0.89

（续表）

剂量后果/mSv	累计频率/(堆·年)$^{-1}$	释放类编码	释放类描述	频率/(堆·年)$^{-1}$	剂量/mSv
1~<5	2.02×10^{-5}	FRI-P	功率运行工况燃料边界破裂，通风隔离	3.68×10^{-6}	1.02
		GRI	气体边界破裂，通风隔离	5.03×10^{-6}	1.71
		FRI	非功率运行燃料边界破裂，通风隔离	2.24×10^{-6}	1.86
		WLI	废气系统管道破裂，通风隔离	9.13×10^{-6}	1.62
		WTI	废气罐破裂，通风隔离	8.27×10^{-8}	4.92
10~<50	1.05×10^{-8}	HLV	气体边界高压泄漏，通风正常	1.05×10^{-8}	20.9
≥50	7.04×10^{-8}	GRB	气体边界破裂，二次边界失效	5.83×10^{-8}	215
		WLV	废气管破裂，通风正常	6.61×10^{-9}	215
		GRV	气体边界破裂，通风正常	1.12×10^{-9}	215
		WTV	废气罐破裂，通风正常	5.99×10^{-11}	215
		FRV	非功率运行燃料边界破裂，通风正常	1.62×10^{-9}	417
		FRV-P	功率运行工况燃料边界破裂，通风正常	2.66×10^{-9}	591

注：表格中第 4 列为对第 3 列的解释说明，第 3 列为代码缩写。

4）设计方案论证

溶液堆在较大的设计方案调整或固化过程中，采取的是综合决策的方式，PSA 的信息或观点一直是溶液堆综合决策要考虑的重要输入信息之一，例如增加氮气吹扫系统、通风系统自动隔离功能等。

需要指出的是，PSA 参与设计并支持设计，并不意味着必须由 PSA 人员来提出具体的改进设计方案。在设计方案论证过程中，PSA 关于安全性影响、安全性与可用性的平衡等方面的见解发挥了重要作用。

11.4　概率安全分析技术及应用展望

近年来,美国能源部(DOE)针对美国多个新堆研发的情况(如模块式高温气冷堆、池式钠冷快堆、熔盐堆与西屋热管堆等),提出建立具有技术兼容、风险指引和基于性能的监管框架(technology inclusive、risk-informed 和 performance based)对非水堆具有一定的普适性;对此,由 DOE 资助、爱达荷实验室(INL)参与、工业界南方电力公司牵头,开展了 LMP(Licensing Modernization Project)项目,针对多个反应堆设计方案开展了试点研究工作。NEI 发布了 LMP 项目的主要成果文件 NEI18 - 04[22];建立了在执照基准事件识别、物项安全分级和纵深防御层次论证等方面采用风险指引方法的导则,同时 NRC 发布了 RG1.233 导则[23];认可了 NEI 18 - 04 中的原则和方法,并发布了工作要求备忘录 SECY - 19 - 0117,批准了可使用 NEI 18 - 04 作为建立非轻水反应堆的执照基准和申请内容的合理方法。

针对熔盐堆,依托 LMP 项目,由 EPRI 针对 MSRE[24]主要开展了试点研究。EPRI 根据 NEI18 - 04 的方法对 MSRE(ORNL 于 1962 年建造的 7.4 MW 的钍基熔盐实验堆)的气体复合系统执照基准事件事故进行了筛选、安全功能确认,并对具有较高后果的设计基准事件提出了物项分级建议,评价了纵深防御的层次设置。

针对液体燃料熔盐堆,瑞士保罗谢勒研究所(Paul Scherrer Institute, PSI)[25]将 PSA 引入设备安全分级和设计基准事故清单确定中,并开展了相关探索。

上述规范和研究不仅针对 PSA 自身,更将范围扩展到设计基准(执照基准事件)、安全设计(物项分级)等安全设计领域,极大地扩展了 PSA 的应用,为溶液堆相关工作的开展也提供了新思路,可借鉴国外先进经验,进一步开展风险指引方法(RIPB)的应用研究,使 PSA 在包括溶液堆在内的新堆设计和运行领域发挥更大作用。

参考文献

[1]　国家核安全局. 研究堆设计安全规定:HAF201—1995 [S]. 北京:国家核安全局,1995.

[2]　生态环境部. 部令第 8 号,核动力厂、研究堆、核燃料循环设施安全许可程序规定

[S]. 北京：生态环境部，2019.

[3] ASME, ANS. Probabilistic risk assessment for advancend non-LWR nuclear power plants：ASME/ANS RA-S-1.4—2021 [S]. U.S.A.：The American Society of Mechanical Engineers，2021.

[4] 刘涛，童节娟，赵军. 球床模块式高温气冷堆核电站的概率安全分析框架[J]. 原子能科学技术，2009，43(S)：364-366.

[5] 王宝生，唐秀欢，沈志远，等. 西安脉冲堆概率安全分析技术要点及分析框架研究[J]. 核动力工程，2018，39(3)：100-105.

[6] 国家核安全局. 乏燃料后处理设施安全：HAD 301/05—2021 [S]. 北京：国家核安全局，2021.

[7] IAEA. IAEA-TECDOC-1267，Procedures for conducting probabilistic safety assessment for non-reactor nuclear facilities [R]. 奥地利：国际原子能机构，2002.

[8] 吕丹，赵善桂，宋凤丽，等. 核燃料循环设施事故分析方法探讨[J]. 核科学与工程，2015，35(4)：694-701.

[9] 王任泽，李国强，冯宗洋，等. 后处理设施共去污分离循环工段的始发事件研究[J]. 辐射防护，2015，35(S1)：118-122.

[10] 吴中旺，奚树人. 后处理厂与核电厂概率安全评价方法学的比较[J]. 清华大学学报（自然科学版），2000，40(12)：1-3.

[11] 李琳. 福建福清核电厂一期工程乏燃料水池概率安全分析[J]. 原子能科学技术，2014，48(2)：285-290.

[12] 许以全，卓钰铖，杨亚军，等. 非能动压水堆核电厂乏燃料池风险评价[J]. 原子能科学技术，2016，50(8)：1428-1432.

[13] 国家核安全局. 溶液型同位素生产试验堆审评原则（试行）[S]. 北京：国家核安全局，2023.

[14] 国家核安全局. HAF102—2016 核动力厂设计安全规定[S]. 北京：国家核安全局，2016.

[15] 国家核安全局. 小型压水堆核动力厂安全审评原则（试行）[S]. 北京：国家核安全局，2016.

[16] 核工业标准化研究所联合编制组. 电离辐射防护与辐射源安全基本标准：GB 18871—2002[S]. 北京：中华人民共和国国家质量监督检验检疫总局，2002.

[17] 王喆，张丹，邹志强，等. 溶液堆内部事件概率安全分析框架研究[J]. 核动力工程，2023，44(4)：133-137.

[18] 中国核动力研究设计院. 始发事件清单及工况分类研究报告[R]. 成都：中国核动力研究设计院，2023.

[19] Shine Medical Technologies LLC. Application for an operating license, final safety analysis report, chapter 13 accident analysis [R]. U.S.A.：Shine Medical Technologies LLC，2019.

[20] 中科华核电技术研究院，上海核工程研究设计院，核工业标准化研究所. NB NB/T20037.1—2011，应用于核电厂的概率安全评价 第1部分：功率运行内部事件一级 PSA[S]. 北京：国家能源局，2011.

［21］ INL. NUREG/CR－5750 Rates of Initiating Events at U. S. Nuclear Power Plants ［R］. U. S. A. ：INL，1995.

［22］ NEI. NEI18－04 risk-informed performance-based technology inclusive guidance for non-light water reactor licensing basis development［S］. U. S. A. ：NEI，2019.

［23］ NRC. R. G. 1. 233 Guidance for a technology-inclusive，risk-informed，and performance-based methodology to inform the licensing basis and content of application for licenses certifications and approvals for non-light water reactor［S］. U. S. A. ：NRC，2020.

［24］ EPRI. Molten salt reactor experiment（MSRE）case study using risk-informed，performance-based technical guidance to inform future licensing for advanced non-light water reactors［R］. U. S. A. ：EPRI，2019.

［25］ Pyron D D A. Safety analysis for the licensing of molten salt reactors［D］. Switzerland：Paul Scherrer Institut，2016.

第 12 章

关键技术

作为全球功率最高的在建溶液型同位素生产试验堆,与传统压水型反应堆相比,存在诸多不同。最大的区别在于燃料类型的不同,传统压水堆是固体燃料,燃料芯块与包壳为反应堆正常运行过程中的裂变物质提供了直接的包容屏障,而溶液型同位素生产试验堆,燃料直接以硝酸铀酰水溶液形式存在,伴随反应堆运行中^{235}U 的裂变,产生的大量 H_2、O_2 及其他气态放射性物质随气体复合系统的运转而溢出堆芯,以及为实现同位素提取而频繁地停堆操作和燃料转移、暂存等,由此带来反应性控制、辐射防护要求、燃料流转中的临界安全、正常运行中的氢气风险等问题。

12.1 反应性稳定性

由于采用溶液型核燃料,同位素生产试验堆正常运行时因堆内的气泡产生而呈现明显的气液两相流动。气泡在堆内的产生、生长、运动等行为将造成反应性的持续变化,气泡离开堆芯带来的自由液面振荡使得活性区形状不断变化。上述因素都将带来反应性扰动,使同位素生产试验堆无法稳定运行在一个功率水平。

国外研究者对美国 SUPO 堆运行进行模拟分析,其堆芯功率呈"准稳态",即平均功率为 25 kW,但功率围绕该平均值平均高频振荡。根据 SUPO 堆的实测数据,当功率低于 30 kW 时,其功率能够维持在高稳定性水平,功率振荡幅度在 0.1% 甚至更低。而在 30 kW 下,停掉冷却水系统,SUPO 堆将进入沸腾工况,每分钟产生 290 L 蒸汽气泡,此时,功率的振荡幅度为 ±5%。世界上现存或运行过的溶液堆的堆芯功率呈现"准稳态",即在某一平均值附近高频振荡,但振荡并不会发散。

定性分析而言,功率密度更高时,堆芯单位体积内气泡产量越大,对堆芯溶液的扰动更强,且其脱离液面时带来的振荡也越大,造成的功率振荡幅度也更大。功率密度与功率振荡幅度正相关,功率密度越低,功率振荡幅度越小,稳定性越好。俄罗斯溶液堆 ARGUS 功率为 20 kW,功率密度最大仅达到 1 kW/L;法国溶液型 SILENE 实验堆的设计运行功率密度为 0.3 kW/L,实验中 10 次提升功率的尝试均由于功率不稳定而失败;美国早期建设的 SUPO 堆功率为 25 kW,最高达到过 45 kW,在尝试更高功率运行时也由于功率出现振荡而停止。

2008 年,IAEA 组织会议邀请美国、中国、法国、俄罗斯的研究者对用于生产 Mo‑99 等放射性同位素的溶液堆开展研讨。通过该会议综述,溶液堆功率密度不超过 1.8 kW/L 时,能够实现稳态运行。而在更高功率密度运行时,过多的气泡造成自由液面振荡将使得自动控制棒难以维持稳定的功率水平。在美国 SHINE 堆设计中,也明确了控制堆芯功率密度在 1.8 kW/L 以下,这从侧面说明了功率稳定性与功率密度间的关系。SUPO 堆的成功建设和安全稳定运行为溶液型同位素生产试验堆达到其设计功率及功率密度提供了良好实践。

基于上述信息和研究成果,研究者认为功率振荡稳定性良好的溶液型同位素生产试验堆设计应考虑以下方面。

(1)提升冷却能力:降低运行温度,增大燃料溶液过冷度,防止水蒸气产生加大气泡产生量。

(2)冷却盘管布置到堆芯外围低功率密度区:考虑冷却盘管区域温度低造成气泡运动速度相对慢且提供了气泡成核的条件,故气泡在该区域积存量更多,如果布置在中子价值较大的高功率区,气泡行为对功率扰动更加明显。

(3)扁平堆芯:虽然高径比 1∶1 堆芯有利于堆芯临界,降低铀装量需求,但高径比小于 1∶1 的扁平堆芯更有利于堆芯内气泡逸出,对降低其气泡份额是有利的。此外,扁平堆芯自由液面表面积更大,单位表面积内逸出的气体量更少,气泡逸出堆芯时自由液面振荡幅度更小。

(4)加压堆芯:通过系统加压,直接降低气泡体积,减轻其影响。

(5)低富集度燃料:与高富集度燃料相比,采用低富集度燃料是为了保证堆芯具有足够的^{235}U 装量,将提升铀浓度;而从辐照分解角度,铀浓度大,水分解产生的氢气、氧气产率将下降,从源头上减少了气泡产生。虽然铀浓度越大,硝酸根分解会更明显,氮气、氮氧化物会产生得更多,但辐解气体总量是下降的。

在溶液型同位素生产试验堆设计过程中应用上述设计理念,具体而言,应注意下列几点:

(1) 燃料溶液设计温度约为 70 ℃,这是保证燃料不沉淀条件下的最低温度;

(2) 冷却盘管布置在堆芯外围低功率密度区;

(3) 高径比为 0.58~0.66;

(4) 系统压力为 0.1~0.3 MPa;

(5) 采用低富集度燃料,铀浓度提高到约 230 g/L。

此外,还考虑减小堆芯功率密度这一重要指标。溶液型同位素生产试验堆设计功率密度最大不超过 1.58 kW/L,也低于 IAEA 提出的 1.8 kW/L 限值。

根据 SUPO、ARGUS 等运行经验,溶液堆在正常功率运行时会出现功率振荡。为了降低正常运行期间的功率振荡幅度,同位素生产试验堆参考同类型堆设计经验,采取了降低功率密度、提升冷却能力、降低高径比等手段。此外,溶液堆温度和气泡反馈系数均为负值,具有良好的固有安全性,不会出现功率发散的振荡现象。同位素生产试验堆允许正常运行时出现一定幅度功率振荡,当功率超过该幅度后则会触发报警甚至停堆保护,确保堆芯安全。

12.2 辐射防护设计

在同位素生产试验堆的设计中,由于其燃料以溶液形式存在,与常规压水堆相比,缺少了燃料芯块与包壳,溶液裂变材料的裂变碎片不像固体裂变材料那样聚集在固体燃料元件内,而是直接均匀地存在溶液中,裂解产生的气态物质随着 H_2、O_2 等气体产物的载气流动直接溢出堆芯,这给放射性物质的包容带来了巨大挑战,也对辐射防护设计提出了更高的要求,它与常规压水堆的差异如表 12-1 所示。

表 12-1 溶液堆与压水堆辐射防护主要差异

项　　　目	常规 PWR	溶液堆 YTD
设计	参考设计、改进设计	正向设计,对硬件专业的影响大、反馈多
放射性包容	4 层屏障	2 层屏障

项　　目	常规 PWR	溶液堆 YTD
放射性分布	密封在燃料组件中	裂变产物随气、液大范围流动
剂量敏感设备的环境	低于 1×10^6 Gy	大片区域高达 $1 \times 10^8 \sim 1 \times 10^{12}$ Gy
事故源项	有积累	源项大、释放快，气液分配、事故序列等差异很大
辐射监测	有参考	涉及安全级监测和保护

源项方面，需要建立同位素生产试验堆专用的核反应截面库，并考虑其在不同系统中的迁移情况，主要的源项描述及考虑如下：堆芯积存量（建立专用截面库，考虑核素去除、燃料纯化）；反应堆源项（考虑惰气全在燃料溶液中和以气态形式存在 2 种情况）；一次冷却水源项（考虑腐蚀活化产物、N-16 等活化源项）；堆水池源项（考虑腐蚀活化产物、活化产物）；气体复合系统源项（分别考虑现实、保守情况的源项）；事故源项（公众人员辐射防护）。

在正常运行工况下，为保证工作人员及公众免受过量放射性剂量危害，试验堆系统辐射源分析需要保证其具有足够的保守性。本项目一次冷却水源项、活化腐蚀产物源项采用累积运行 50 年的计算结果做设计源项，具有足够的保守性；燃料暂存罐源项、紧急排料罐源项、气体复合系统源项，均保守考虑核素的种类和气液分配，具有足够的保守性。辐射防护屏蔽计算中考虑了以上全部源项，也具有足够的保守性。

对于事故源项分析，同位素生产试验堆的事故源项参考国际及国内的普遍经验，采用由特定事故序列分析而得出的放射性物质的释放来确定。根据溶液堆的特点，将气体复合系统双端剪切断裂事故作为最大假想事故放在事故源项中加以考虑；为突出体现一次边界破裂事故引起的放射性风险，同时分析了所有可能的一次边界破裂事故的放射性源项及后果。

对于压水堆核电厂，美国相关法规和导则已经明确了假想的事故源项，并被广泛采纳作为压水堆核电厂事故源项确认的标准。与压水堆相同，溶液堆的事故源项可采用由特定事故序列分析而得出的放射性物质的释放来确定。但溶液型反应堆作为一种新型反应堆，对特定事故序列的分析是否足以包络任何可能的事故后果，缺少可参考的标准。

对于非动力反应堆事故源项的确定，美国核安全监管部门做了很多工作。

1996 年，NRC 发布导则 NUREG - 1537《非动力反应堆许可申请准备和审查指南》，首次引入最大假设事故（maximum hypothetical accident，MHA）。MHA 是一种假设的包络性事故，它假设一种极其严重的失效导致燃料包壳或试验装置的容器破裂，其放射性后果可包络任何可信事故的事故后果。2022 年 3 月，发布了导则《评价核电厂反应堆设计基准事故的可替代源项》（RG1.183）修订草案（DG - 1389），再次引入"最大假设事故（MHA）"概念［也称为最大可信事故（MCA）］，其后果（以周围公众所受的辐射照射衡量）不会被寿命内可能发生的任何其他事故所超越。

早期核电厂最大可信事故（MCA）一般指"大破口失水事故（LOCA）"，在非核电反应堆不一定有失水事故（LOCA），因此选用最大假设事故（MHA）一词加以区分。从导则 RG1.183 修订草案（DG - 1389）可看到，反应堆事故分析中最大假设事故（MHA）和最大可信事故（MCA）概念基本一致。其基本思路都是通过对最包络事故的分析，证明核设施设计所达到的安全水平。

对于非动力反应堆，通常会分析最大假想事故，因为它涉及辐照燃料的情况，并可能包括裂变产物向环境中的释放。在许多情况下，非动力反应堆事故不会导致裂变产物释放到环境中。然而，溶液堆和 SHINE 堆一样，发现了许多导致裂变产物释放到环境中的事故序列。应将这些事故序列中可能导致最高场外后果的事故作为最大假想事故。所分析的事故范围从预期事件，如失去正常电力，到假定的裂变产物释放，其放射性后果超过任何被认为可信的事故，这种极限事故可称为最大假设事故（MHA）。因为预计 MHA 不会发生，所以这种情况不一定完全可信。虽然不需要分析启动事件和场景细节，但是应该分析和评估潜在的后果。

综上，参考美国 NRC NUREG - 1537 ISG 相关要求及 SHINE 堆审评实践，同位素生产试验堆事故源项引入"最大假想事故"概念进行分析确认，即通过概率论、确定论和工程判断相结合的方法，确定需要考虑的超过设计基准的重要事故序列，从中选取包络性的事故作为最大假想事故；通过必要的设计，考虑在超过原来预定的功能和预计运行状态下使用某些系统来应对这些事件；在分析最大假想事故时，可采用基于现实的保守假设、方法和分析准则；即使发生最大假想事故，对非居住区边界外公众造成的个人有效剂量也不会超过 10 mSv。

同位素生产试验堆在分析最大假想事故源项及放射性后果时，采用了保守的分析计算参数和模型，最终分析表明，即使发生最大假想事故，非居住区边界外公众造成的个人有效剂量也不会超过 10 mSv,同时主控室工作人员所受剂量也远小于 HAD 002/06—2019 的相关规定,放射性后果是可接受的。因此,同位素生产试验堆运行过程中工作人员及公众的辐射安全有足够保障。

12.3　氢气产生与氢气风险

同位素生产试验堆在正常运行过程中,硝酸铀酰水溶液分解不断产生 H_2、O_2、NO_x 等气体,其中,最危险的是氢气浓度,其积累到一定程度时可能会发生爆炸,因此设计中必须控制氢气浓度。同位素生产试验堆设置了气体复合系统,其氢氧复合能力可保证反应堆及气体复合系统中的氢气体积分数不超过 4%,在可接受的安全范围内。

基于目前同位素生产试验堆的技术方案,在额定工况下,氢气产生速率约为 1 L/s(标准状态下),而反应堆及气体复合系统气空间容积较小,设置气体复合系统对氢气、氧气进行复合,并设置必要的监测措施对氢氧复合功能的有效性进行监测,以便在氢氧复合异常时能够及时发现并采取紧急停堆等措施确保氢气浓度低于燃爆限值,从而不发生氢气燃爆。同时,反应堆及气体复合系统等采用防爆设计,可以避免氢气被意外点燃,有效避免氢气燃爆。

在事故分析条件下,通过反应堆核功率高或气体复合系统载气流量低的信号触发氮气吹扫系统动作,降低事故条件下的氢气风险。当气体复合系统故障时,氢气在气体复合系统管道及反应堆容器中积累,由气体复合系统流量低信号紧急触发停堆和氮气吹扫系统动作,事故过程中氢气的最高体积分数为 3.55%,不会发生燃爆。

但作为技术兜底,应对氢气爆炸的后果进行分析,并保证氢爆后一次边界和二次边界的完整性;对因氢爆导致气泡湮灭引入的反应性也应进行充分评价。

为了进行氢气燃爆后的影响分析,从保守角度考虑,开展氢气爆炸分析时将氢气平均体积分数提高至 12%,氧气平均体积分数取 54%,氮气平均体积分数取 34%,初始温度设置为 60 ℃,初始压力取 0.353 MPa。

同位素生产试验堆氢气爆炸风险分析范围主要为反应堆容器的气空间和气体复合系统的部分管道。由于气体通过氢氧复合器之后氢气体积分数不大于 0.2%,故氢气爆炸分析时,主要考虑气体复合系统反应堆出口至氢氧复合器之间的管道,该部分管道布置如图 12-1 所示。

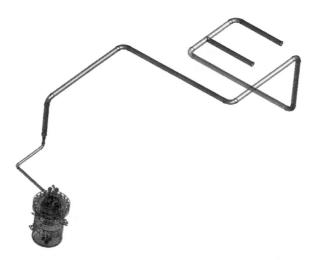

图 12 - 1 气体复合系统部分管道布置示意图

　　建立计算模型时,为了提高计算效率,将反应堆容器气体出口至冷却水箱之间的气体复合系统气空间简化为形状规则的泄爆空间。泄爆空间忽略了真实结构中复杂的管道布置,采用两段直管将泄爆空间和爆炸区域连接,这样的简化形式会使得计算得到的超压峰值比实际结构偏高,具有一定的保守性。

　　开展氢气爆炸分析时,对同位素生产试验堆容器和管道整体建模开展计算。分析模型中,位于分析范围内的反应堆容器气体出口和氢氧复合器之间管道按照真实尺寸建立,分析范围之外的气体复合系统气空间体积(0.8 m³)简化为泄爆空间,泄爆空间和反应堆容器 2 个气体进口相连,其分析网格模型如图 12 - 2 所示。

图 12 - 2 试验堆氢气爆炸分析网格模型

　　气体复合系统的氢氧复合器内置电加热器,将气体加热至 120 ℃,氢氧催化复合器出口的气体温度为 300 ℃,氢氧复合器是整个系统中唯一一处能够引发氢气燃烧的热表面,故选择氢氧复合器点火入口位置作为点火位置 1。为对比分析其余位置的点火工况,选择同位素生产试验堆气体出口位置作为点火位置 2,选择该位置的原因是该处气体刚经过除滴器的过滤,水蒸气含量低,相比于反应堆容器内部,该位置更容易点火。点火位置如图 12 - 3 所示。

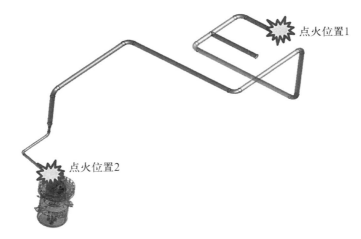

图 12 - 3   点火位置示意图

点火位置 1 工况下最大冲击压力载荷的计算结果为 0.87 MPa,点火位置 2 工况下最大冲击压力载荷的计算结果为 1.05 MPa。

反应堆容器及气体复合系统中氢气爆炸引起的压力变化是由构成一次边界的反应堆容器、氢氧复合器、冷却水箱和气体复合系统相关管道构成,氢气爆炸分析结果表明:爆炸产生的冲击压力小于一次边界的设计压力(1.8 MPa),一次边界的完整性能得到保证,裂变产物和相关的裂变气体都包含在一次边界中,因此不会对工作人员和公众造成任何后果。

12.4   防止燃料溶液沉淀

同位素生产试验堆正常运行过程中,由于燃料的裂变反应,产生的裂变产物会发射较高能量的射线与燃料溶液相互作用,导致燃料溶液中的水及溶质发生辐射分解产生氢气、氧气和过氧化氢,其中的过氧化氢会与硝酸铀酰反应生成过氧化铀沉淀,造成堆芯反应性发生变化,并给燃料溶液转移和同位素提取带来影响,可能导致本试验堆及相关设施无法正常运行。因此,研究中分析了燃料沉淀对同位素生产试验堆安全的影响,并在设计上采取措施,避免同位素生产试验堆正常运行过程中的沉淀产生。分析范围包括但不限于反应性控制、流道堵塞、腐蚀、堆内燃料积存等的影响。应分析和监测反应堆容器内燃料溶液沉淀的影响因素,避免燃料和裂变产物沉淀超出可接受的水平。

研究分析认为:在正常运行工况下,通过控制燃料溶液的温度、pH 值、功率及添加催化剂,保证燃料溶液不出现沉淀;在事故工况下,沉淀对反应性控制影响很小,不会造成流道堵塞、产生的沉淀不会造成腐蚀加速,堆内燃料积存对物理和热工的影响等也均是可接受的,进一步印证了对反应堆安全的保守性。设施在运行过程中,应通过定期取样检测燃料溶液,对燃料溶液沉淀影响因素进行监测。

通过广泛调研,掌握了硝酸铀酰溶液物理化学特性及临界安全装置的运行经验,初步判断在一定酸度(pH<1.5)条件下即可控制料液不产生沉淀,同位素生产试验堆采用硝酸铀酰溶液作为燃料具有一定的化学稳定性。美国 SHINE 堆资料提到通过调整溶液的 pH 值、催化剂,燃料溶液中不会出现沉淀。进行的大量瞬态测试表明,事故工况瞬态功率密度不超过 100 kW/L 时,燃料溶液中不会发生沉淀。

根据上述分析,同位素生产试验堆采用硝酸铀酰溶液作为燃料,在正常工况下以约 1.58 kW/L 的功率密度运行,事故工况瞬态功率密度也不超过 100 kW/L。通过控制燃料溶液的温度、酸度、催化剂等保证在正常运行工况下不发生燃料沉淀。即使在事故工况下,保守估计产生的沉淀也在可接受范围内。

与此同时,中国核动力研究设计院针对如何有效防止同位素生产试验堆运行过程中燃料产生沉淀方面开展了大量研究工作。通过开展不同铀浓度、温度、酸度条件下硝酸铀酰溶液与过氧化氢的沉淀反应实验,得到了铀浓度、酸度、温度等因素对燃料沉淀行为的影响规律。开展了燃料沉淀动态模拟实验研究,得到了不同堆功率、不同运行温度、不同催化剂存在条件下的燃料沉淀反应情况。研究者开展了一系列金属离子催化剂在分解过氧化氢预防燃料沉淀方面的作用研究,为解决同位素生产试验堆燃料沉淀这一关键化学问题提供了解决方案,基于实验结果提出了避免燃料产生沉淀的反应堆运行策略,可以实现反应堆在正常运行工况下不发生燃料沉淀。

12.5　结构材料耐腐蚀

溶液型燃料的裂变碎片不像常规压水堆固体裂变材料那样聚集在固体燃料元件内,而是直接均匀地存在溶液中,裂变碎片中的某些元素对反应堆结构材料又具有腐蚀作用,这引起了设计方的极大关注。同位素生产试验堆使用的核燃料为弱酸性的硝酸铀酰溶液,堆运行温度为 $70\sim80\ ^{\circ}\mathrm{C}$,运行过程中,堆内会产生大量的裂变离子,这些都会促进堆内容器和传热管束材料的腐蚀。根据设计方案,堆内容器和传热管束材料为奥氏体不锈钢。因此,在该温度、酸度和裂变离子的作用下,堆中的奥氏体不锈钢是否具有足够的抗腐蚀能力一直是设计工作最关注的问题之一。

中国核动力研究设计院在模拟燃料溶液中开展了对奥氏体不锈钢(304 L、321 和 316 L)的抗腐蚀性进行试验验证,对 304 L、321 和 316 L 作为结构材料的腐蚀性能做出全面评价。选取的各种不锈钢材质的试验件包括板母材、板焊件、管母材、管焊件和弯管等,按标准要求开展了 3 000 h 腐蚀试验,分别包括均匀腐蚀试验(含全浸腐蚀、半浸腐蚀、悬空腐蚀)、晶间腐蚀、应力腐蚀、缝隙腐蚀、回流腐蚀等各种试验。根据腐蚀试验所得综合性能比较,选取了 304 L 不锈钢作为本试验堆的主要结构材料。

结构中与燃料溶液接触部分包括反应堆容器、冷却盘管、控制棒导管及堆芯测量导管,结构材料均采用 304 L 不锈钢。前期已开展 304 L 不锈钢在 $\mathrm{UO_2(NO_3)_2}$ 溶液中的腐蚀行为研究,硝酸浓度为 $0.25\sim0.30\ \mathrm{mol/L}$,温度为 $80\ ^{\circ}\mathrm{C}$。在腐蚀 1 500 h 和 3 000 h 后得到的腐蚀速率分别为 0.017 3 mm/a 和 0.009 7 mm/a,其腐蚀速率随腐蚀时间的增加而降低。由此保守计算 50 a 腐蚀深度为 $0.485\sim0.865\ \mathrm{mm}$。各设备、阀门、管道等均考虑了足够的腐蚀裕量,最薄弱环节的堆芯冷却盘管的腐蚀裕量为 1 mm,反应堆结构、堆芯冷却盘管等与燃料溶液接触部件可满足全寿期内腐蚀设计要求。

对于同位素提取、燃料纯化和铀回收管道(外径 8 mm、壁厚 2 mm),每年燃料溶液通过时间不超过 1 000 h,温度为室温,材质采用 304 L 不锈钢(一用一备)。根据前期已开展 304 L 不锈钢在 $\mathrm{UO_2(NO_3)_2}$ 溶液中的腐蚀行为研究结果,管道能满足全寿期内腐蚀设计要求。

12.6 燃料溶液临界安全

为了实现同位素提取,需要在反应堆正常运行停堆后,将燃料溶液转移出反应堆容器,燃料溶液需经燃料溶液转移和暂存系统、同位素提取系统等工艺系统,进而实现同位素提取。由于燃料溶液的特殊性,对其流经的所有管道和容器均需要控制其反应性,以确保燃料溶液的临界安全;为此,设计上对上述管道和容器均采取几何次临界设计,确保任何时候燃料溶液均处于次临界状态,且具有一定的裕量。其中燃料溶液暂存罐(最大容器)的最大 $k_{eff}=0.912\,28$(含误注入),同位素提取、燃料纯化的最大 $k_{eff}=0.803\,16$,其他管线,小管径的最大 $k_{eff}=0.547\,46$。

此外,本反应堆在正常运行过程中,由于燃料溶液辐解产生 H_2 和 O_2 等气体,存在发生氢气爆炸的可能,氢气爆炸事故将带来堆芯运行压力的突增,这种压力突增将在极短时间内造成堆芯气泡份额的下降,甚至发生气泡全部湮灭,引入较大的正反应性。氢气爆炸事故发生后,堆芯内温度变化等负反馈无法立即抵消正反应性引入,如果瞬时引入的反应性超过缓发中子份额 β_{eff},则会造成堆芯瞬发超临界。瞬发超临界将造成堆芯功率急剧上升等联锁反应,为避免挑战堆芯安全性,应当对其后果进行充分的评价。

通过开展相关临界基准实验和临界基准题的计算验证,同位素生产试验堆项目采用的次临界安全限值为 $k_{eff}<0.936$。当燃料溶液处于堆容器以外的燃料暂存罐、紧急排料储存罐、同位素提取系统其他容器时,在燃料溶液燃料密度条件、慢化条件及反射条件等对临界值最不利的情况下,所有容器的最大 k_{eff} 仍小于临界安全限值(0.936)。燃料溶液通过不锈钢管道转移时,基于保守工况和燃料参数条件,k_{eff} 达到 0.936 临界安全限值对应的管道临界半径为 9.28 cm,而管道实际半径最大为 7.0 cm,低于临界半径限值,满足核临界安全要求。综上,同位素生产试验堆项目通过几何次临界的设计手段,保证所有燃料溶液流经的管道和容器均能始终处于次临界状态,确保了停堆后整个设施的核临界安全。

同位素提取生产系统涉及燃料溶液的有 $^{99}Mo/^{131}I$ 提取分离系统的燃料暂存罐、燃料中间罐、提取柱;燃料纯化系统的纯化柱、沉淀反应器、调节器;铀回收系统的含铀溶液罐、蒸发浓缩装置、浓缩液罐、铀回收柱、回收铀中间罐、回收铀浓缩液罐;燃料储存和添加系统的新铀储存罐、回收铀储存罐;上述各系统接液槽和燃料输送管线。为保证核临界安全,这些设备采用几何次临界设计理念,即主要依靠限制设备几何尺寸的设计来实现核临界安全。通过采取多项控制方式,如铀装料、几何形状等确保满足核临界安全要求。另外,在相关区域也设置了临界安全报警系统,可确保人员的安全。

12.7 同位素提取工艺

从 20 世纪 90 年代初开始,通过研究高浓铀(HEU)燃料溶液中钼、碘的提取分离,以及进行实验室和台架实验,成功研发出 3 根氧化铝柱进行钼、碘提取分离的工艺(称为"第一种工艺"),钼的回收率达到 56.4%,碘的回收率达到 50.6%,在低浓铀燃料溶液中,钼、碘提取率大幅下降。但近年来国际原子能机构(IAEA)及欧美国家等强烈建议在有关核过程中推广和使用低浓铀(LEU),以减少甚至杜绝 HEU 燃料的使用,从而降低核扩散与恐怖事件发生的风险。因此,近年来中国核动力研究设计院又开展了低浓铀(LEU)燃料溶液中 ^{99}Mo 和 ^{131}I 提取分离技术研究,制备出了性能更好的球形氧化铝,研发了球形氧化铝和 α-安息香肟柱实现钼、碘提取分离的工艺(称为"第二种工艺"),并经实验室和扩大试验验证,取得了良好的分离效果,钼的回收率达 76.2%,碘的回收率达 70.2%。因此,解决了高浓铀和低浓铀燃料溶液中的钼和碘提取分离问题,产品中的杂质离子含量满足药典质量要求,产品回收率也大幅提高。

同位素提取系统用于从同位素生产试验堆燃料溶液中进行同位素 ^{99}Mo、^{131}I 提取生产,由 ^{99}Mo/^{131}I 提取分离生产线、Na$_2$^{99}MoO$_4$ 溶液生产线、^{99m}Tc 发生器生产线、Na^{131}I 溶液生产线、燃料纯化系统、铀回收系统、燃料储存与添加系统,以及配套保护人员和环境安全的热室组成,最终生产出满足医药企业需求的 Na$_2$^{99}MoO$_4$ 溶液、Na^{131}I 溶液和医院直接使用的 ^{99m}Tc 发生器产品,同时定期对燃料进行纯化和回收,维护反应堆正常运行。

热室屏蔽材料采用密度为 3.6 t/m^3 的重混凝土,局部为普通混凝土,内腔为不锈钢壳体,并设置有窥视窗、防护门、机械手等观察和操作设备及相应的管道、阀门等。同位素提取系统热室用于实现同位素安全生产,对提取同位素的燃料溶液进行辐射屏蔽,执行燃料溶液的二次包容,以保护工作人员、公众和环境安全,并满足放射性药品生产的洁净度要求,提供同位素提取生产所必需的各种操作等支持功能。

12.8　铀回收技术

在同位素生产试验堆运行过程中,^{99}Mo、^{131}I 提取分离系统、燃料纯化系统、取样系统、燃料溶液转移与暂存系统、气体复合系统等工艺系统在运行过程中会产生少量含铀废液,这些废液中的铀含量较低,无法直接作为燃料复用,但是产生的含铀废液直接作为废物不加以回收处理将会造成硝酸铀酰燃料资源的浪费,进入三废处理系统后还会形成 α 废物,加大放射性废物处理的负担。因此,有必要回收反应堆运行过程中产生的含铀废液并重复利用,以达到减少燃料损耗、降低生产成本、提高铀资源利用率和减少 α 废物产生量等目的。为了实现对同位素生产试验堆运行过程中产生的含铀废液中铀的回收,专门设计了一套铀回收系统,通过该系统的运行,达到回收含铀废液中铀的目的。

经过广泛调研和设计论证,采用基于萃淋树脂法的铀回收工艺开展铀的回收工作,这种方法可将几乎所有的杂质元素与铀分离,且吸附体系和淋洗体系为 HNO_3 和水,不会改变燃料溶液体系,回收得到的铀溶液经酸度和浓度调节后就可以作为燃料复用,工艺流程简便快捷。萃淋树脂多数以苯乙烯和二乙烯苯为骨架,基本上是大孔结构和含有某种萃取剂的网状高分子聚合物,其应用性能是由共聚物中所含的萃取剂的选择性决定的。萃淋树脂的外观与一般树脂相同,其中的活性组分为萃取剂,因此萃淋树脂兼有树脂和萃取剂的某些特性,对金属离子具有较好的选择性和高效的分离与富集效果,已在铀、钍、稀土及贵金属的分离分析中得到广泛的应用。

在前期的设计论证过程中,中国核动力研究设计院选用对铀具有特异性吸附能力的 CL - TBP 萃淋树脂或 P5208 萃淋树脂作为铀的吸附材料,开展了大量铀回收性能验证实验。实验结果表明,采用萃淋树脂法可以实现含铀废液中铀的有效回收。树脂柱对铀具有较强的吸附能力,含铀废液在流经萃淋树脂柱后废液中的铀被吸附于树脂上;对废液中的其他杂质不产生吸附,经过淋洗和解吸后就可得到纯度满足复用要求的硝酸铀酰溶液。基于铀回收模拟台架试验结果专门设计了一套铀回收系统,采用萃淋树脂法回收废液中的铀,通过含铀废液浓缩、上柱吸附、淋洗解吸、解吸液浓缩等工艺步骤可以获得满足重新回堆作为燃料使用的硝酸铀酰燃料。

12.9　燃料纯化技术

同位素生产试验堆运行时会产生大量的裂变产物,这些裂变产物会累积在燃料溶液中,燃料溶液中裂变产物的长期累积会增大燃料溶液的放射性剂量、降低反应堆堆芯的 k_{eff}、对反应堆的正常运行和核素的提取质量产生影响。此外,在同位素提取工艺中,燃料溶液在流经同位素提取柱后,吸附材料中的铝会部分脱落进入燃料溶液中,导致燃料溶液中引入铝离子杂质,对反应堆的正常运行产生影响。因此,为了保障反应堆正常运行和核素提取的质量,应当设法对燃料溶液中的裂变产物等杂质进行纯化去除。

20 世纪 90 年代以来，中国核动力研究设计院在同位素生产试验堆燃料纯化方面开展大量工作，提出采用水合二氧化锰、水合五氧化二锑、酸性氧化铝3 种无机离子交换材料联用的方法对燃料溶液进行纯化，并开展了燃料纯化台架试验。试验结果显示，无机离子交换法可以实现对燃料溶液中主要裂变核素的去除，对锶、铈、锆、钐等裂变核素的去除率可达 70%。针对无机离子交换法对裂变核素去除率不高且会引入铝杂质等缺点，中国核动力研究设计院又采用过氧化氢沉淀法对燃料溶液进一步纯化，利用过氧化氢与硝酸铀酰发生沉淀反应这一性质，向燃料溶液中加入过氧化氢，使硝酸铀酰沉淀而其他杂质核素保留在溶液中，经过滤、溶解后实现燃料溶液的纯化。实验结果显示，采用此方法可以显著提高裂变产物的去除率，且不会额外引入其他杂质。大量实验结果表明，可以通过无机离子交换法和过氧化氢沉淀法相结合的方式实现同位素生产试验堆燃料溶液的纯化。

12.10　放射性废气处理技术

同位素生产试验堆由于是以液体燃料作为核燃料进行裂变反应的反应堆，裂变碎片轰击水，使水分子分解为氢气和氧气，同时伴有 HNO_3 分解产生的 N_2 和 NO_x 气体，并有放射性核素（如氪、氙、碘、铯等）。考虑到堆内废气源项的复杂性，若只采用加压储存衰变的工艺去处理废气，则辐解产生的 NO_x 气体无法得到有效处理，会对环境造成影响；若只采用活性炭滞留衰变的工艺去处理废气，则废气中夹带的某些核素在滞留床内的衰变过程中会以固体颗粒的形态附着沉积在滞留床中，影响活性炭的滞留吸附能力。

因此，同位素生产试验堆采用加压储存衰变和活性炭滞留衰变 2 种技术联用的废气处理方案。首先，采用加压储存衰变处理技术，考虑同位素生产试验堆产生的废气成分的特殊性及源项的复杂性，可使前端接收的废气在暂存罐内做初步冷却除湿、极短寿命核素的初步衰变，之后排往衰变箱中稳定储存，一方面可有效减少对反应堆运行的影响，另一方面可有效提高事故分析中放射性释放的风险应对能力；然后，采用活性炭滞留衰变技术作为加压储存衰变处理技术的补充手段，依靠衰变箱排气提供动力，进一步降低废气中各类核素的放射性活度。干燥装置和滞留床内的吸附材料可通过设置的再生管路进行再生，极大地减少了放射性固体废物的产生，有效地提高了各类材料的循环利用率。

12.11　放射性废液干燥成盐处理技术

同位素生产试验堆作为全新的试验堆,其所产生的废液源项具有盐组分复杂、含有水溶性易挥发物质、核素种类复杂、放射性活度较大及处理量大等问题。源项的复杂性及特殊性会使装置的运行效率、处理废液的目标质量、生产操作的经济性与安全性均受到诸多因素的影响。

目前,放射性废液通常采用水泥固化技术,但该技术会导致产生至少 $60\ m^3$ 的放射性固体废物,且水泥固化体在暂存过程中还产生养护成本。上述情况将会导致大量人力、物力的消耗且不利于放射性废物最小化。此外,干燥成盐技术相对于传统水泥固化技术具备减容效果好、占地面积小、安全性高、自动化程度高等优点。但目前干燥成盐技术的应用对象主要是水质较为干净的一回路水,它盐分单一,含盐量少,颗粒杂质少。因此,针对同位素生产试验堆产生的放射性废液,采用干燥成盐技术并进行针对性改进,完成对放射性废液的固化功能,同时保证系统安全、稳定运行,实现放射性废物的最小化。

为了更好地实现放射性废液体积最小化,放射性废物处理系统采用了目前较为新型的干燥成盐技术。干燥成盐系统主要用于处理放射性废气处理系统产生的碱洗废液和同位素提取过程产生的中放废液。废液收集储存后需调节 pH 值和盐组分,调节完毕的废液进入干燥成盐单元进行干燥。干燥出的不凝气去往冷凝冷却单元,蒸发干燥的盐饼则去废物桶。

系统针对复杂盐组分、放射性活度较大及含有易挥发核素的源项,工艺上通过模拟预测、pH 值调节、盐组分调节、蒸发及冷凝等技术手段,不仅使产生的盐饼满足处置要求,而且使冷凝液满足离子交换进水要求。仪控方面设置氨气监测、氮气稀释联锁、高温急停等控制,使系统更加安全。设备方面缓冲罐及进料防结晶配置、双站联锁控制和电控屏蔽门等,使系统运行更加可靠,方便突发事故状况检修。此外,增加一个备用站,解决了原有工艺如果微波加热单元出现故障则会耽误运行时间等问题。

针对废液源项具有盐组分复杂、含有水溶性易挥发物质、核素种类复杂、放射性活度较大及处理量大等问题,分别在工艺、设备、仪控及布置部分进行了改进,改进的干燥成盐系统技术使废液处理满足下游系统进水要求,产生的废物符合运输及处置要求,装置运行更加稳定可靠,减少人员受照剂量,相关设计更加科学合理及人性化,满足放射性废物最小化的要求。

12.12 取样技术

为满足试验堆运行中对燃料料液均一性的要求,需要适时对料液的某些物化特性进行监测,以满足运行限值的需要。由于同位素生产试验堆的燃料的特殊性,试验堆运行过程中,燃料溶液的成分会不断发生变化。一方面,燃料溶液中的 ^{235}U 发生裂变反应产生大量裂变产物,裂变产物所含核素多达上百种,燃料溶液中这些核素的浓度对反应堆运行和同位素提取工艺都会产生影响,需要对裂变产物浓度进行监测。另一方面,裂变反应产生的能量会导致燃料溶液中的硝酸不断分解并伴有气体逸出,从而导致燃料溶液的 pH 值升高,进而可能导致燃料溶液产生胶体或沉淀,因而为防止燃料溶液产生相的变化,必须严格控制燃料溶液的 pH 值,及时补充硝酸,需要对燃料溶液的酸度进行监测,为补酸操作提供依据和参考,以满足试验堆运行需要;同时,为满足反应堆在额定的铀浓度范围内运行,通过对铀的监测,为硝酸铀酰的及时添加提供参考。因为没有同位素生产试验堆运行经验和数据,所以在调试过程中、试验堆运行早期及在试验堆运行过程中,进行取样监测是十分必要的。

实现燃料溶液的取样和分析面临着诸多技术难题。首先,从燃料溶液取样的及时性和代表性来说,需要在试验堆运行时对燃料溶液实现快速、稳定、准确的取样和分析;其次,由于燃料溶液的辐射剂量极高,要满足高剂量条件下人员及环境方面的辐射防护要求,采用常规取样技术已无法满足需要;最后,燃料溶液取样量不能过大,不能因取样损耗造成铀浓度波动,影响试验堆的正常运行等。以上这些因素对燃料溶液取样系统的设计提出了前所未有的要求。

为了解决取样系统设计过程中面临的技术难题,实现对燃料溶液快速、稳定、准确的取样和分析,本项目参考离子色谱分析仪器技术,设计内径极细的金属管线和多通阀技术,可以实现对取样流量实时、精准的程序化控制,确保取样的及时性和准确性,同时可以大幅降低燃料溶液取样量,最大限度地降低取样过程对正在运行中的试验堆堆芯反应性的波动影响。取样系统管线和取样设备在设计和制造加工时充分考虑了屏蔽措施,该取样系统可以实现远程控制,基于辐射防护要求,可以有效缓解工作人员和环境辐射防护压力,在材料选取上也考虑了耐辐射及老化方面的特性。通过对取样管路的优化设计和布置,可以将取样过程中的死体积料液及产生的废液自动进行回收,避免了料液的额外消耗。取样系统在设计时还设置了简易的 pH 值测量装置,可以实现燃料溶液 pH 值的在线实时测量功能,缩短了料液的分析测量时间。

第 13 章

未来展望

国际上,20 世纪 40 年代已提出以硝酸铀酰(或硫酸铀酰)水溶液为核燃料的溶液堆的概念,并曾建造约 40 座溶液堆(不包括苏联)。但这些堆都用于试验研究(中子活化分析、中子照相、人员培训等)而非生产目的,并且大多数已停止使用。俄罗斯 ARGUS(额定功率为 20 kW)均匀水溶液堆是世界上唯一一座以液体作为燃料,自 1981 年建成并运行至今的溶液型反应堆,也面临即将退役的情况。在建的溶液型反应堆包括美国加速器驱动的次临界装置 SHINE(125 kW)和我国的同位素生产试验堆。

国内,随着我国同位素生产试验堆的建成,将通过在该装置建造、调试与运行过程中所积累的经验和数据,验证并系统地掌握反应堆及同位素提取关键技术,奠定更加坚实的基础,以促进溶液型反应堆的改进和推广应用,推动同位素应用领域更加经济高效发展,进而满足更大的市场需求。

近年来,我国核技术应用产业获得快速发展,初步形成了一定的产业规模,在工业、农业、医疗、环保、国家安全等领域获得广泛应用并取得了良好的社会经济效益,成为当前国防建设与国民经济发展不可或缺的重要领域。其中,核医学应用最活跃,与广大人民群众的生命健康息息相关。我国在核医学领域取得了显著进步,但与美国、欧洲、日本等发达国家和地区相比,在核医学技术、医疗设备、药物供给、从业人员等方面仍存在较大差距,尤其是医用同位素的供应长期依赖进口,时常短缺或断供,严重影响了临床工作的正常开展,使许多患者得不到及时的诊断与治疗。

党和国家领导人高度重视人民群众的生命健康,提出实施"健康中国"战略。各级政府已经行动起来,国家原子能机构等八部委于 2021 年 6 月联合印发了《医用同位素中长期发展规划(2021—2035 年)》,作为我国首个针对核技术在医疗卫生应用领域发布的纲领性文件,对提升医用同位素相关产业能力水平、保障健康中国战略实施具有重要意义。很多地方政府也都出台相应配套政策,国内一批以医用同位素生产为核心的产业园已经建立起来。四川省为落实《医用同位素中长期发展规划(2021—2035 年)》及国家国防科工局关于核技术发展的规划要求,以建立稳定自主的医用同位素供应保障体系为根本依托,以放射性药物和高端诊疗设备研发生产为主攻方向,制订了《四川省医用同位素及放射性药物产业发展行动计划(2022—2025 年)》。随着各项规划和行动计划的落实,预计未来几年我国医用同位素产能会快速提升,稳定自主的医用同位素供应保障体系将建成,我国核技术应用产业将快速发展。

我国人口众多,当前在工业化、城镇化、人口老龄化进程加快,以及公众不健康生活方式盛行的背景下,心血管疾病和肿瘤患者数持续增加。每年新增约 400 万例癌症患者,死亡约 250 万例;我国缺血性心脏病(主要为冠心病)患者数约 2 290 万,每年死亡人数超过 170 万。国家卫生健康委员会明确强调:三级综合医院应当提供核医学诊疗等基本设置,基本标准包括应当具备 SPECT、PET/CT 和 ^{131}I 治疗。但我国仅有 42% 的三级医院设置有核医学科,58% 的三级医院的核医学诊疗没有达到国家的基本要求,核医学产业与发达国家相差甚远,因此仍具有巨大的应用需求和市场空间。目前,中华医学会核医学分会倡导和启动"一县一核医学科"建设项目,可以预期国内核医学诊疗将会在未来几年内获得一个快速发展期,对同位素和放射性药物的需求将呈爆发式增长。

索　引